THE TIMES

SUPER FIENDISH

Su Doku Book 6

THE TIMES

SUPER FIENDISH

Su Doku Book 6

200 challenging puzzles from The Times

Published in 2019 by Times Books

HarperCollins Publishers
Westerhill Road
Bishopbriggs
Glasgow
G64 2QT
www.harpercollins.co.uk

Harper*Ireland*
Macken House, 39/40 Mayor Street Upper
Dublin 1, D01 C9W8

10 9 8 7 6 5

ISBN 978-0-00-828548-7

Layout by Puzzler Media

Printed and bound in the UK using 100% Renewable Electricity at CPI Group (UK) Ltd

A catalogue record for this book is available from the British Library.

If you would like to comment on any aspect of this book, please contact us at the above address or online.
E-mail: puzzles@harpercollins.co.uk

Contents

Introduction

How to tackle Super Fiendish Su Doku

Welcome to the latest edition of *The Times Super Fiendish Su Doku.* These are the toughest puzzles of all, for those people who like a real challenge. Whilst the pleasure in solving Fiendish puzzles is to see how quickly you can solve them, the pleasure with Super Fiendish is in solving them at all. **Few people can solve these puzzles, so you are now moving into rarefied climes.**

This introduction assumes that you are already experienced with the techniques required to solve Fiendish level puzzles. In comparison, Super Fiendish puzzles can be difficult to start and progress, so I have provided a number of advanced techniques (inside out, scanning for asymmetry, filling in identical pairs and cross) that will get you through these stages. Then, for certain, towards the end, you will find that you run into a brick wall, and need something extra to break through and finish. There are numerous techniques around for this final stage, but each works in certain circumstances only. I have provided the three (impossible rectangle, x-wing and colouring) that I have found to be most frequently effective. Finally, should all else fail, I have provided the one technique (trial path) that will always work, and will solve every puzzle, but it isn't everyone's cup of tea.

Inside Out

	A	B	C	D	E	F	G	H	I
1						2	3		
2					4			7	
3	6			1					9
4	5								1
5	9	4			8	1		3	
6	3		1				2		
7		3	6	5	1	8			
8		5	8		9				
9				7	2	6	5	38	38

Most Super Fiendish puzzles require this technique at some stage, some even require it to get started.

In this example, row 9 is missing 3 and 8, but these are included elsewhere **inside** the bottom left region (B7 and C8), so they cannot be in A9, B9 or C9. They must therefore be in the empty cells in row 9 that are **outside** the bottom left region, i.e. H9 and I9.

Since column H already contains a 3, H9 must actually be 8 and I9 must be 3.

Scanning for Asymmetry

	A	B	C	D	E	F	G	H	I
1	(8)			(8)		2	3		
2	(8)			(8)	4			7	
3	6			1					9
4	5	8							1
5	9	4			8	1		3	
6	3	6	1				2		
7		3	6	5	1	8			
8		5	8		9				
9				7	2	6	5	8	3

This example illustrates probably the most common sticking point of all.

By scanning the 8s vertically it can be seen that the 8 in the top left region can only be in row 1 or row 2 (A1 or A2) and, likewise, the 8 in the top centre region can only be in the same two rows (cell D1 or D2). Therefore, as there must be an 8 in row 3 somewhere, it has to be in the top right region. The only cell in the region that can have an 8 in row 3 is G3 (because column H already has an 8 in it), so G3 is resolved as an 8.

Filling In Identical Pairs

	A	B	C	D	E	F	G	H	I
1						**2**	**3**		
2					**4**		1 6	**7**	
3	**6**			**1**			**8**		**9**
4	**5**	**8**	2 7				7		**1**
5	**9**	**4**	2 7		**8**	**1**	7	**3**	**5**
6	**3**	**6**	**1**		5 7	5 7	**2**		**8**
7	2 7	**3**	**6**	**5**	**1**	**8**			
8	2 7	**5**	**8**	3 4	**9**	3 4	1 6		
9				**7**	**2**	**6**	**5**	**8**	**3**

The one thing that top players always do is to fill in the identical pairs, as shown here.

E6/F6 can be identified as the pair 5_7 either by scanning for asymmetry in the 7s across the middle regions (and scanning the 5s), or by filling in row 6 (they are the only cells that can contain 5 and the only cells that can contain 7).

A7/A8 are the pair 2_7 from scanning 2 and 7 along row 9.

C4/C5 are also 2_7 because they are the only digits remaining in the region. Likewise with the pair 3_4 in D8/F8.

The great benefit of filling in each pair is that it is almost as good as resolving the cells from the point of view of opening up further moves. In this case, the fact that D8 or F8 is a 4 means that G8 can only be 1 or 6 (note that it cannot be 7 because column G already has a 7 in either G4 or G5); therefore G2/G8 are another identical pair of 1_6. It is now easy to resolve: G5=7 (because it is the only digit that is possible in G5) -> C5=2 -> C4=7 -> D4=2 -> D5=6 -> H4=6.

Cross

	A	B	C	D	E	F	G	H	I
1					6	2	3		
2					4		1 6	7	
3	6			1			8		9
4	5	8	7	2		4 9		6	1
5	9	4	2	6	8	1	7	3	5
6	3	6	1	4 9	5 7	5 7	2		8
7	2 7	3	6	5	1	8			
8	2 7	5	8	3 4	9	3 4	1 6		
9				7	2	6	5	8	3

Row 5 already has 4 and 9 resolved, and so does column E. Where they cross, in the centre region, two empty cells (F4 and D6) are left untouched and must therefore be identical pairs of 4_9. This resolves E4 as 3.

Another variation of this technique is where a single row or column cuts into a region in such a way that the number of untouched cells (E8 and F9 in the case of the grid at the top of the next page), matches the number of digits that are in the row/column, but not already in the region (digits 7 and 8).

	A	B	C	D	E	F	G	H	I
1		4	8		9	2		7	
2				8		1		4	
3	9			7		4			
4	1							5	
5			7	2		5	1		
6		8							3
7					2	3			7
8		2		5	78	6			
9		3			4	78	5	1	2

Impossible Rectangle

	A	B	C	D	E	F	G	H	I
1				89	6	2	3		
2				389	4	359	16	7	
3	6			1	57	357	8		9
4	5	8	7	2	3	49	49	6	1
5	9	4	2	6	8	1	7	3	5
6	3	6	1	49	57	57	2	49	8
7	27	3	6	5	1	8	49		
8	27	5	8	34	9	34	16		
9				7	2	6	5	8	3

The central columns of our original grid have now been filled in, revealing what is probably the most common way of making the final breakthrough in a Super Fiendish puzzle. The four cells E3/F3/E6/F6 make the corners of a rectangle. If each corner contained the same pair 5_7, then there would be two possible solutions to the rectangle – 5/7/7/5 and 7/5/5/7. If there were two possible solutions to the rectangle, then there would be two possible solutions to the puzzle, but we know that the puzzle has been selected to only have one solution, so a rectangle with the same pair in each corner is impossible. The only way to avoid an impossible rectangle is for F3 to be 3; hence this is the only possible solution.

The final breakthrough has now been made and this puzzle is easily finished.

X-Wing

	A	B	C	D	E	F	G	H	I
1	9	45	456	7	1	2	346	68	38
2	17	3	26	8	9	4	26	5	17
3	8	247	1247	5	6	3	1247	12	9
4	6	79	79	1	4	8	5	3	2
5	5	1	3	9	2	6	8	7	4
6	4	28	28	3	5	7	19	19	6
7	2	4789	4789	6	3	1	79	89	5
8	13	6	189	2	7	5	139	4	138
9	137	57	157	4	8	9	12367	126	137

The X-Wing is another common technique for finishing Super Fiendish puzzles. In this example, 7 appears twice in column A, in rows 2 and 9; and twice in column I, also in rows 2 and 9. If it is in A2, then I2 cannot be 7, and the 7 in column I must be in I9. Likewise, if 7 is in A9, it cannot be in I9, and the 7 in column I must be in I2. Either way, A2 or I2 must be 7, so there cannot be any other 7s in row 2. There aren't any. Equally, either A9 or I9 must be 7, so there cannot be another 7 in row 9. Therefore the 7s in B9, C9 and G9 can be erased.

Looking at it visually, the 7s form a rectangle with no other 7s in the columns at the ends, so either A2 and I9 are 7s, or A9 and I2 are.

Either way, there cannot be any other 7s in the rows at the top and bottom.

Colouring

	A	B	C	D	E	F	G	H	I
1		2		6	9	3		1	8
2	8+		6	7	8-	2	3		
3	3		8-	8+	5	4	2	7	6
4		8	2		3	6	1		
5	9	6			2	1	8	8	
6	1	3	4	9	7	8	6	5	2
7	6		8	2	8	7	8	8	
8	8-	7	1	8+	6	5	9	2	
9	2	5	8	8	8	9	8	6	

Colouring is, in my opinion, the most powerful and elegant of the Super Fiendish techniques. The idea is to focus on the possibilities for a single digit. In the example above, consider the distribution of the 8s.

In the top left region there are only two possible 8s, so one is true and the other is false, but we don't know which is which. The idea of colouring is to mark them with symbols to show that they are opposites, e.g. '+' and '-', as shown. Originally people used blue and green as markers, hence the name colouring.

The next step is to work through the rest of the 8s, following the paths that lead from the original two. There are two 8s in column A, so the 8 in A8 must be the opposite of the 8 in A2, so it can be marked with a '-'. Then there are two 8s in row 8, so the 8 in D8 must be '+'. D3 must be '+' and E2 must be '-'.

Now we have two 8s which must be the same – D3 and D8. Since you can't have two 8s resolved in the same column, the only way that they can be the same is if they are not 8s, i.e. if 8+ is not 8. Then D9 is resolved as 8, every 8+ can be erased, and every 8- is resolved as an 8.

This example also illustrates the other type of Colouring logic, that either E2(8-) or D8(8+) must be a real 8, so E7 and E9, which overlap with both, cannot possibly be 8, and can be erased.

You can now see that the X-Wing is a special case of this Colouring technique logic.

The skill with Colouring is to spot the digit(s) that works out, because most won't.

Trial Path (Bifurcation)

Finally, we come to the 'elephant in the room'. It always works for Super Fiendish and is the fastest way to solve them. It is, however, highly controversial because some people refuse to use it on the basis that it is guessing. This is not true because, if applied systematically, it is logically watertight, it is just inductive rather than deductive, i.e. trial and error. It is also one of the fundamental techniques used by the computer programs that generate the puzzles.

As an example, let's go back to the point where we used the impossible rectangle:

	A	B	C	D	E	F	G	H	I
1				89	6	2	3		
2				389	4	359	16	7	
3	6			1	57	357	8		9
4	5	8	7	2	3	49	49	6	1
5	9	4	2	6	8	1	7	3	5
6	3	6	1	49	57	57	2	49	8
7	27	3	6	5	1	8	49		
8	27	5	8	34	9	34	16		
9				7	2	6	5	8	3

The idea of Trial Path is to choose a cell that only has two possibilities, and try one of them. If it works and solves the puzzle, then job done. If it fails, i.e. you end up with a clash, then the other digit must have been the correct one, and you just need to retrace your steps and enter the correct one instead. In the example on the previous page, cell E3 can only be 5 or 7, so you could try 5 first and, when this leads to a clash, you know it must be 7.

The actual difficulty with this technique is that you can easily sink into a quicksand of confusion. To do it in a clear, systematic way I recommend:

- Get as far as possible before taking a trial path. This is because what you do not want to happen is that you try a digit and end up in a dead-end, i.e. when you do not know if it is the correct digit or not. The further you get through the puzzle before you take a trial path the less likely this is to happen.
- Before you start solving along the trial path, mark every cell that you know is correct in ink, and then do the trial path in pencil. This way you can get back to where you were by erasing everything in pencil.
- Pick a pair that will open up more than one path. In this example, E3 is an identical pair with E6, which is also an identical pair with F6, so two paths will actually be started, one from E3 and one from F6. The more paths you can start, the less likely you are to end up in a dead-end.

The techniques that have been described here will be enough to enable you to solve every puzzle in this book. Good luck, and have fun.

Mike Colloby

UK Puzzle Association

Puzzles

1

	2						5	
3				6	9			4
						6		
				5		8		
	8		1				4	
	4					7		1
		4	8		6		7	
7				4		9		6
	6				1		2	8

2

3				6				
	7	6	4					
			5	7	3			
		5	8		7	1		
						5		4
			1		2	9	8	
2		7			1		4	
1							9	
	9	8						3

3

				1			6	
			3				2	5
		8		6	4			
						1		
		3	6			2		9
5	2	1		4			8	
			7	8		4		
2	6		4					
	7		1					

4

			6		4			
		7				6		
		9		3		8		
	4		1		7		3	
5	1						7	9
	5						1	
	7			9			6	
	9		3	6	2		5	

5

				7	1			
						9		8
		3		5	9		7	
						7		4
3		8						
9		5				8	1	
	6		2		4			1
		2			7			
	8		3			4		

6

	9							2
		1	4		9	6		
5	2			1			4	
	8			3			6	
3					4	2		
		4	1				5	
			3				1	
					5	8		3
				8		9		

7

			8		3			
3		9	7		2	1		6
		5				7		
			2		6			
			9		5			
				1				
	1						2	
5			3		9			7
	2	4				8	3	

8

7								
	1	3				5	2	
8			6	1				
			7		5	2		
		9		2		7	3	
			1		8	4		
9			3	6				
	5	7				9	4	
1								

9

					6	5		
7	9					2		
				3			8	6
				2				4
	8	4			9	6		
9	5	2						
3			6	1				
			5	9			2	
		5	7				6	

10

			7					
6					1		8	4
				2			3	5
8	2		1	5				9
		6						
9	7		2	6				1
				1			7	3
5					8		4	2
			9					

11

							9	4
			1					7
	6			8	5			
	3		2	1		9		
8					6	3		
4					8		7	
6	2							
		8			2	1		
		5	6	7				

12

	2					7		
4			2					
9			6				8	2
	4			3		6		9
					2			
	3			9		5		7
6			8				4	3
5			9					
	7					1		

13

								1
	9			4			6	
4		5			8			
			4			6		
		7					2	
2		1	8		5			
7	5		9	3		2		
		9					3	
3		4	1			9		

14

					1		2	
					9			
			5	7			9	8
		3						4
		2						7
9	1					2		5
					5		8	
2		7				3		9
		6	4	9	2		5	

15

		4	5					
						8	9	
7	2						4	
2				1	8			
		8	4		2			
				7				2
	9			2				1
5	3	2				4		
	7				6	2		

16

				8				
		1			5			
	8	6	7		3			
4	7					5	3	
9								1
		2				7		
	2		6			9	4	
1		9			8	2		
	6			7	2			

17

		5						
	9	4		6				
8			3		2			
					6	4		
2			5				8	
7			4	9		3		
							1	4
5							6	
	8		1	7		9		

18

	6		4	2				
4			3		6	2		
		3	5		9	1		
							8	
6					1	3	5	
	4				5			
5	7	9					4	
	2		1			6		

19

			7					8
					8		9	
			9		1	2		
9		2	5					7
								9
	6	3				4		
		6			9		7	
	8					6	4	
1			3	5				

20

	1					8		
		3			5			
				4		7	5	
7		4			1	3		
	3		7		4	5		9
8		9			3	1		
				3		9	2	
		2			9			
	8					6		

21

	6		1		2		8	
	1		3	8	4		9	
			5		7			
	4						2	
		1				6		
2								8
	8		4		3		6	
6		5				9		2

22

		5				3		
2								8
	3			7			4	
			6		1			
	4	1	5		2	7	8	
			8		7			
		8		6		5		
1	6						9	4
	7			1			6	

23

		1				6		
9								7
	5		8		9		4	
		2	3		6	7		
	6		4		1		2	
		8		2		4		
		4		3		5		
1	3			7			6	2

	4							
1					3			
				8		7	6	
				6			8	2
		2	9			6		
	3				2	5		
		5		1	9			6
		6	8					5
			5			3	2	

25

				3	2			
		4					5	
	1				7	6		
				4		2		
7			8	9				3
9		6				7		
		9	6		8			
	5							6
				1			4	2

26

		5	9		3	2		
		1				7		
6								9
	4						2	
1								4
	5	9				1	3	
				6				
		2	4		5	9		
4			7	9	2			1

27

				3	5	7		1
		3	4	8				9
	8							
4	9				8			
						6		8
1	5				3			
	6							
		9	6	7				3
				9	2	8		6

					6			
	5					9	2	
3			1				5	
	8	3						2
1		2	8			5		
	7		6		4			
5		4			7		9	
	6		9			7		

29

			5		9			
	7		4		3		5	
	4						3	
	5						9	
		9		1		4		
	8	1				7	6	
5	3			8			1	9
		4				8		
			7	9	6			

			1					7
							5	4
				7	3	1	6	
8			3					
		3			2			
		9		8	5	6		1
		6			9		7	
	2	5				8		
7	3				4			

31

				5	4	3		
						8		
		4	7			2	1	9
	3		5					4
6				7				8
5					2	6		
1						4		
					1			
		7	9	8				

			2		5			
						2		9
				9			8	7
1			5					
		2			7	5		8
3				6			2	
	3			2				6
		4			9		1	
	1	6		7		4		

33

7			5					
			3		4	8		
4	8						7	
							8	
	3	8	7					
	7			8			2	1
	9			6				
5		7	2	9		4		
	4					6		9

			4					5
					9	3	4	
				7			2	
6			9	2		4		
		3	7		4	8		
	2			1		9		3
	8		2	3	7			
	3	6						
1					5			

35

		4				9		
				7				
1			4		8			2
			5		1			
	4						5	
	3	8		9		1	4	
	2	5				4	3	
	7		1		6		2	

36

				1				
					6	8	7	
		8			5			4
							9	7
1				3			6	
	7	3				5		
	2				4	1		
	4		5	9				3
		9	3				4	

37

1								
		8			9		2	
	3		6					4
	9		3		8		5	
			9		2	7	3	6
	7		1		5		9	
	2		5					9
		5			7		6	
3								

38

					8			3
8		3	2		4			
9				3				
1	4	9					8	2
						7		
3		2					6	
			7		6		2	
					5			
7			9		1	6	4	

39

								2
			4			3	9	
			3	9				
	5	1			2		8	
		9					6	
			8					7
	3							6
	8		9	5				1
1					6	8	7	

40

					7	3		
4	6			3				
	7				6			5
						5		8
7							2	
	3	1	9					
9	2		1					
		5	8			7	4	
		6		2			5	

41

		9	6		7	1		
	6		1		9		7	
		8				6		
				5				
6	2		9		4		3	5
	1						4	
	7		4		8		6	
2		6				7		8

42

				2		8	6	
			4	6		9	2	7
		8			7	3		
	3	2						
			8		1		4	
	9	4	3				8	
	5	3			6	4		
		6						9

43

		5						
			5		1	8		
9			4			6	7	
			7	6		2		4
		3						
			9	5		3		7
4			8			7	6	
			3		5	9		
		2						

44

			1		8			
	1						9	
			6		9			
	9			2			6	
7		1				3		8
	6						5	
			3		7			
4		8	2		5	6		1
3								7

45

						3		
		9			8			
			2	5		4		1
	4		1				3	
		1				6		
2		6			9	8		
1			7	9			4	
9					2			
	6	7	8					

46

9					6			
						8	7	
				1		2	5	
	9			7				8
1			8	2	3	6		
	6	3		9				
	3		2					
		8	4		7			
6				3				5

47

	8	6				1	7	
5								2
	7	5				9	8	
8		9		4		7		3
4								1
		7	1		6	8		
				3				
			5	7	9			

5								6
		2	4		6	7		
		7				4		
	8	5		2		3	7	
2		1				8		5
1			5		3			9
	5			9			8	
				1				

49

			6		2	7		
6	2	1		7			3	
	1	8		6			9	
					5	3		
	4		1				6	
1					4	5		
9			2		3	6		
	7	4				1		

1			6			3	7	
	2	9				1		4
		6	8		9		3	
						8	2	
		7	4		1		5	
	7	8				6		3
6			5			7	9	

51

				2			4	
			9					
		2		4		7		9
	8		1				6	
4		9				3		
						1	8	
		6		3	8	2		
3			6		5		1	
		4						

						5	1	7
		2			7			8
7	9			6				3
			2				5	
				1		3		
2			4		9			
5	4						7	
6		1				8		
	7	3	8			1		

		8					6	
				4	3	5		1
6								
	4				5			9
		2	1				3	4
	7				6			5
3								
				6	9	2		7
		6					5	

54

		2						
5	7					1		3
	3			7	2		5	
				1		4	7	
		9	2		6			
				8		5	9	
	2			5	9		1	
4	1					7		9
		8						

55

								4
			3	1	4	7	2	
		7	8	9				
	5	4					9	
	2	6				8		
	9					1		2
	8			3	5			
	7		1					8
5					9		6	

	1	8				7	5	
			3		6			
	9						4	
			1	3	7			
5	3						7	9
		7	8		9	5		
	4						9	
9	5			6			2	4

	4							
1				6				
	6	3		8	2			
			4		6	3		
	7					1	5	
8					9			
	8					7		
7		1		9		5		6
	9		1				8	

58

				7				1
						9	3	
	7	2	3	1			5	
5			6		3			
		4					9	
6			1		4			
	9	3	5	8			7	
						5	1	
				4				8

59

9			7		1			8
			9		6			
	3	6				4	5	
	4			5			3	
8								7
		5		7		9		
6	9						1	3
		7		9		6		

	6			1				9
3		9			4		2	
	4					6		
				3		9		5
5			7					4
	8							
		3	6			4		7
	7						9	
2			5	7		3		

61

					9			
			7	2				1
6	4		1			5		7
7						2		4
	5			9				
2						6		9
4	8		2			1		3
			8	1				5
					4			

62

		7		4	9		1	
	1	4		3	2	6		
	7	3				5	8	
		9		8		1	2	
			9					
				9	8	2	3	
4					1	9		
	5							

63

							5	7
				4		1		
			7	2	1	4		
2		3				5		
7			5					
8		6				9		
			4	1	8	2		
				9		3		
							6	4

64

		9						
2				8	5	4		
			3		7		6	
	6		8		4	5	1	
	8						3	
1					3	6		
7		5						1
				3	9			
		3	4				8	

				3				
	5		2		4		6	
		2	8		5	1		
7								4
6	2	4				3	8	5
	9	3				8	4	
	8		5		1		2	

66

			1		7			
	5						3	
		8	9		3	5		
		9				7		
		7		3		1		
8	2						9	5
4			3		5			6
				6				
	6						2	

67

5	9					4		
		4		1	5	9		7
					2			
					8	2	4	3
1								
					4	1	8	5
					9			
		1		4	6	3		2
3	2					5		

					3		5	9
								6
			8	2				
		9		7				1
	6		9	8	5	7		
		4		3		2		
3	9		6		1			
4		2		9				
	1	6						

69

				7			8	
					2			5
	2	1	8		6			
						8	4	
	8	6						7
	5	7				9		
	1		9	8		4		
9		8	3	6		5		
	6							

6					5	3		
7							1	8
	2	8				5		
			3			9	4	
			7					5
			4			1	8	
	7	6				2		
3							6	1
1					9	7		

6	7						2	8
			1		3			
		4				7		
8				1				6
		9				8		
	3	6	8		5	9	4	
4								5
	1	5		7		6	8	

	5			3			2	
		8	2		1	3		
				6				
		1				9		
	4			9			7	
		2	6		4	8		
8	6		9		7		4	2
		4	3		2	5		

73

			2		8			
	3						7	
			9		6			
			5		2			
	5	4				3	6	
6	8						2	9
8	7			5			1	4
	1						9	
3								5

74

			1				9	
		2					5	6
	8						3	2
9				6				
			7		3			
				5			4	7
4	3	6			1			8
	9	8			2		6	

75

8		1					6	
			9	5	3	4		
	2			8	7		3	6
	3							
	6			2	4		9	7
			2	9	8	3		
9		4					5	

76

			5		7			
	8		2	3	9		5	
			1	2	5			
	5						9	
	1	2				4	8	
	2	8				5	4	
		6	7		2	8		
5				4				7

77

	2	5						7
	9	7	2		3	6		
				9	5	1		
6					8		7	
				2	6	4		
	6	4	1		2	5		
	1	2						9

				7		6		
1						9		
8				6		4	1	2
6	7			4				
2			6		7	1		9
				1				
4								
7					3			
	3	6		2	1	7	8	

79

	2		3					
				1				7
		8				3	1	
		1	4		8	6		
	6		5			2		
		5	2		6	7		
		9				4	6	
				4				9
	5		1					

80

						5		
		3			6	8	1	7
	5		3					
		9			2			8
						2		1
	7		8		9		6	
2	4			6				
	9				7			6
	1		2	4			8	

81

		7				9		
2	6						7	4
			7		8			
	8						6	
		2		6		3		
1				9				8
	9	5	3		1	6	2	
4								5
	7						4	

82

							6	
						3		7
6		4	8	1			9	
	4	7		3				
		2	7		9	4		
9			1	8		7		
				9	8	6		
1					5			
	8		3			9		

83

				2				
	9	8			3			
	5		9			6		
		6				4	5	
4					7			1
	8			1			7	
		5	7					6
			2		1			7
				6		9	8	3

				8				
		5	6		2	9		
	2						5	
8			5		4			6
			3		1			
5		9				3		4
6	1		2		7		4	9
4	9						2	7

85

	6			1			7	
		2		6		3		
	3						4	
		9				7		
		6	5	4	3	8		
	7						3	
	9	3	4		6	2	5	
2			9		1			7

86

				2		9		
						8		1
4		5			8	3		
1				5	4			8
					1	2		
3				6	7			4
5		1			6	7		
						5		2
				3		4		

87

		2	9		6	5		
	6			7			4	
	1						3	
			8		1			
	5	9	6		2	7	1	
		4				6		
		6	2		4	8		
		1	3		5	4		

88

	6	9	2	8				
8				6	9	4		
	2					8		
4	7					9	1	
	9	5					6	
			7				3	
			5	2	6		9	
				9		5		

89

				2	7			
	8							2
			4	6		8	3	
		4				9		
7		9						3
5					6	1		
		6	5		2		8	7
		8				2		
	7			8		6		1

90

					5			
7				2		6	3	
			9				1	
3	2		7	8				1
6					9		8	
			5		3	7		
4	3							
		6			4			
		7		5	1		2	

91

1	6							2
		5		1				
		7				5		8
			9		7	2		
8								
			5		8	6		
		1				9		4
		9		3				
7	3							6

	6			4			7	
4		5			1			6
			9					
					2		8	
	5		7					9
		7		9		6		
6			2				5	
3	2			1				8
	7	1					9	

93

			5	4				
	8	5		6		3		
4					3			
	7	6		5		2		3
								4
	2	4		3		9		1
9					5			
	6	7		8		4		
			3	9				

94

				1		3		
					6			4
			4		8		6	
		6						
1				8		5		
	9	2			3			7
3				9			8	6
		4				1		
	5				2	7		

95

				8		7		4
		2	9					
	9							
	1				9		3	
4						9	8	5
			5		8			
5				9			1	
			4	5		3		8
3				7			5	

	5	6			8		4	
8				9	1	3		2
		8	5		3	4		
		3	7		6	8		
2				4	5	6		9
	3	5			2		1	

97

				4				
		5						
	8	2	7	9	3			
		8					3	
5		1				9		4
		7			6		1	
				3		7	6	
			9		7	3		1
				2			8	

98

							9	
7						5		1
	8	5	3					2
	6		5		2		8	
					8		2	
	3		9		6		5	
	5	2	4					8
4						6		3
							4	

99

			7				2	
					3	4		9
		2	6		4		8	
	7			8		2	9	
1					6			
8	9					1		6
		9				7		
			3		2			
6			4	1				

100

						8	6	1
			6	9		5	4	
		3					9	
		6			1			
				5	4	3	1	
	7	1			6	4		
	3	9	2		8			
	4							3

101

				9	6			
3						2		
4			3				9	
			1	5				7
		4			9			1
1	2				4	9		
				7				
5	1		8					
	4		5			7	1	

		3						
					5			8
			6		1	3	7	5
	8		7			4		
	1	2						
	3		5			1		
			3		8	5	6	1
					7			2
		4						

103

								4
1		3					2	
8		7	6					
			2	6				
7	3		8		5			
		8		7	3	9		
6			5			7	9	
				1				
		2		8		1	3	

	9			8				7
	7	4	3				2	9
	4	5			2	1		
		3				6		
	2	7			3	9		
	6	8	2				5	3
	3			5				4

105

			3		8			
		5				6		
7			9		5			8
			1		2			
4	2						8	1
				8				
2								4
	4		2	7	1		3	
	1	7		9		5	6	

106

			3				5	6
				6				
				4		9		8
1					5		8	
	3	5			1			4
			7	9		5		
		7			3		6	
5			6			4		
6		1		2				

107

						9	5	
			4	2	5			
					8			7
	9		3		4	6		
	3						9	1
	7	5	6					
2			8					
5				6				4
		3		5			1	

		9					4	
			8					5
	2		3	4		1		
	6				7			
	8	7		9		2		
		2	1			7	5	
8			5	2				1
				6	1	3		
3		1						

109

9							6	
		1		6		7		9
				2			3	
8			2					
			7			3	2	
3		5		8	6			
1	8		3				4	
		9						
7		3	8		4			1

110

		7			4	5	3	
	4	9		3				
				6		4		
9				2				8
	1					2		
7				8				5
				9		1		
	9	2		4				
		1			5	6	4	

111

		9					6	
						3		8
	5	6		4			1	
	8	3		1				
		1	4		7	5		
			6	5				
		2		3	8	9		7
1					5	6		
	7							

6			1					
9			2		8			
	2				3	6		
		2	9			1	3	
7	1							
					2		6	5
5					9			
				2		4		
		4		5			7	3

113

	4				6	9		
		3	7	4			8	2
7				6		2		9
6				9				
9				3		4		8
		7	1	2			3	4
	2				8	1		

		1			5	4	3	
	5	3		1			9	8
					8	7		3
		6		2				
	8		1			2		
	7		5		3		6	
	3	8				1		
		2	7					4

115

				5	7			
					9			
9	3		4		1			
		4				5	1	8
		5						6
7			3			4		
6				4	2			
2						1		
	4	9	6			7		

116

		9			5		7	
6	5				7	9		8
4				2		3		
2	7		3				6	
3				8		5		
5	1				4	7		3
		2			8		1	

117

	8	9			4			
5					1			4
6			7	5				8
		2				1		9
		3				5		
1	6							3
			5	9		2		7
	9	8	2		6	4		

118

1								3
				6	2			9
	2	5			3	8		
	5			7				
		4				9		
	8			5				
	4	6			8	1		
				1	4			5
9								4

119

9	3			7			5	1
	4	7				3	6	
	8		4		7		2	
		4	3		8	7		
			9		5			
5								4
		2				5		
		3	6		9	8		

	9							2
7			4			6	3	
				5			7	1
	6							
		5				2	8	3
					1	5		
	7			8	3			6
	2	6		1				
8		4		9		3		

121

				2				
	6	4	1		3	9	2	
		7	4	1	6	3		
			3	5	9			
7	8						6	2
3								5
6		5	2		7	1		3

						9		
		5	8		2			
			7	3	4			8
		6				8	3	
7	8					1		
5	9					6	7	
					5		1	
3			9	4				
	4		2	7				

123

		5				3		
			6		7			
1	9						5	8
7	8			6			1	2
	2		9		1		3	
		3				5		
	6			8			2	
	5		3	2	6		8	

	2			6				
		1	8		2			
	3	9				1		
3				1			6	
		6			8			3
			2				5	
		7		8		6	4	
8	5					9		7
	6				7			

125

5				4				
	7			9		4		
			1		6			
		6						4
4	9			7	2			
		2		6			9	1
	8							3
					9		4	7
			3		8	1	6	

		6				7		
			9		1			
		4		1		8		
		2		6		9		
	5			2			4	
4			8		3			9
2		7				4		3
9		8				1		7

127

						2	8	
				7	5			6
2			1					9
	3	6		9			7	
				3				
	1	9		5			2	
5			9					1
				2	4			8
						7	3	

			1				9	
		5		3		2		
	3							1
5					2			8
	4				9	6		
			7	8			4	2
	5			7			8	
3					5	7		
		7	9		4			

129

								4
			4		1	3	5	
4	5			7				
	1	3	8	4				
5					9			8
	8	9	1	2				
2	7			9				
			3		2	8	9	
								6

130

4		5					2	1
	7		4			9	3	
			2		5		1	
2	5				4	6		
			1		7		4	
	3		9			2	7	
7		2					6	4

				1				
		3		9	8		5	
		2	5				7	4
8	5					9		6
		1						
6	7					1		5
		8	6				1	3
		5		7	1		6	
				8				

					4		9	
		5		3	6			
	3			9		1		2
		7				4		8
2								
		1				9		5
	4			8		3		9
		9		7	3			
					5		6	

133

6								8
		3				7		
1	5						2	3
		1				6		
			4		1			
			9	2	6			
			2		9			
4			1	3	8			9
	3	6				1	8	

		6				8		
			6		4			
		7	3	8	9	5		
		4				3		
		8		7		2		
	9	3	4		2	6	7	
4	8						1	5
			2		8			

							9	
				7	8	2		
			5		4			
		6		4	9			
	9		2				3	
	5	3	6					2
	8						4	5
2				9		1		8
					5	7	2	

136

					9		3	
				7				
		7			1	9	4	
							9	4
	2					3		6
3		8						7
		9		4				
1		4	3				7	2
			6	1	8		5	

137

							7	6
			3		8			4
			2	7				
	7	8					1	
		5		2	4			
	9			8			6	7
							8	2
5			8		2	3		
1	8				7	6		

		6						
	2		8		4			3
		3		6		9	2	8
	1					6		2
			1					
	7					8		9
		2		9		7	3	4
	9		4		2			6
		4						

139

		4						
	1	8						5
3	7					2		
				4			1	9
			8		1			
				9		4	5	7
		1			9			8
			2		4			3
	9		6		3	1	7	

	2	9				5	7	
			1		8			
		6	5		9	1		
4				7				3
		5				9		
	9	3		2		8	4	
	6		9		1		3	

141

	7		5		8		2	
			1	9	7			
8								4
7								8
	8	4				1	9	
		5				4		
	4	8				2	3	
		7				6		
3			7		1			5

		1					9	
			2	9				
	8		4	6	5			
4	6					1	3	
								2
8	3					9	4	
	2		1	5	7			
			3	8				
		9					7	

143

				2				
		4	8	6		2		
6					5	7	3	
			3			9		
							1	7
	3	6			9		8	
			7				5	
1	2		6					
5	4					1		

144

			9		7		4	
5						8		
1		6	8	2				
				9			8	5
		5				6		
				1			7	9
8		2	6	3				
9						3		
			4		2		6	

145

				6	1			
		5						
6	2			3		7		4
	7				4		5	
4			8					
	3				9		6	
5	6			4		1		8
		1						
				8	2			

146

	6							
4		8	2			1		7
	2						4	6
	4				5			
					6		2	4
			1	9				
	8						6	
		6		5		8		1
	7	5		8			3	9

147

	5		3				7	
1					4			
				8		6	4	1
7					3		6	
		5		2	9			
	4		6	7				
		1						4
9		6	4					2
		3				9	1	

148

		9						
5				4	6			
		2	1				9	5
1		8		6			2	
	7		3				1	
3		6		5			7	
		7	5				6	2
8				9	3			
		3						

				9				
			8					4
						2	1	7
	5				6			
3							5	
			1		5		4	2
		4						1
		1		2	9			3
	8	3			4	9	7	

		6			7			
		2	6			1		
9	5			4				
	3							
		8			9	4		1
1				5		7		9
	9			8	2		1	
						9		8
				1	6		2	5

151

						7		
			5	7	4			
			3	8		5	4	
	2	6						
	4	1				9		
	9						1	2
8		9		1				
		5			2		3	
					6			8

	4		9		2		1	
8				7				2
6								5
		2		5		7		
			3		8			
			6	9	3			
7		5				3		4
		6				8		

153

	6		2		4		1	
9								4
	1			6			7	
3	4						8	5
7			9		5			1
	3						9	
			3		8			
2			1		9			8

			4			9	8	
		9		1			4	5
	6			5		3		8
		2	7					
					8		5	2
	2		1					9
	4	3			6			
		1	5		4	8		

		6						
	9				5	4	7	
4				1	9			
	4					3		1
	1		9				6	
	2					9		7
3				6	7			
	7				2	1	5	
		5						

							2	
8							7	9
	6	7	2			3		
		8		5	6		9	7
	4							
		5		8	9		6	1
	9	2	5			7		
3							1	6
							8	

		4		7		1		
9			1					2
			4				5	
4	3	9			7		2	
		2						
6	5	7			3		9	
			3				8	
3			8					4
		1		9		2		

		8			6			
3							4	
	4				5	3		
		1		6	8	4		2
8						6		1
		6		3	2	5		8
	5				3	9		
7							5	
		2			9			

159

		1						
	6			9	8		3	
8			7				5	
		6	4					7
	2				6	3		
	5			2				1
				4				6
	3	4						5
			2		9	8	4	

				4				
		1			7			8
8				3			7	9
2		7			8			1
	1				2			
9		4			3			6
3				8			6	2
		9			6			7
				9				

161

	8				4		5	6
	6	7		1		4		
3			7		6	9		
				5		6		
6			4		1	8		
	5	6		9		1		
	1				5		2	3

			5	6	3			
9			2		7			4
		6				4		
3	9						5	7
2	5						9	6
			6		8			
		8				1		
	3	2	4		5	9	6	

163

	9		8		1		4	
7								8
			9		3			
		6				5		
		8	4	9	5	7		
		4				2		
			1		8			
6								3
	1		5		4		2	

					6	5	7	
								6
6				2				1
	8	6	7					3
	5		6	4		1		
				3	9			
5					2			
8				1	3			
1	7	2				9		

								9
		2			5			
	6		4	3				
		4				2		8
		9			8	4	5	
	3			1				
			6	4			1	
				9		8		2
7			1				6	

166

	7		2	8				
			7	1	3		5	6
	3	7						
	5	4				1		
		6				5	9	3
				3	5		8	1
		8			7	2		
		5			2	9		

167

	6					8	4	1
1	5			8	9			
	1	7	8					3
3				7				8
	8	2	1					9
9	3			6	5			
	7					3	1	5

		3						
2			5					
	5		8	2	9			
9	2		7			8		
7						1		
3		6			5	2	7	
			3					1
	1				7	5		
			4	6	1		9	

169

		7				2		
				9				
	9		1	8	6		3	
		5				3		
9			2		5			6
	1						8	
6								3
	7						6	
	3		8		7		4	

170

							3	
2			8				1	
		3			5	9	8	2
		5		3				
1		8		7	2	3		
		4		1				
		9			6	8	4	1
4			9				2	
							7	

171

								4
			7	5	2	9		
			9				7	
	2	5						
	3					2	4	1
	6					5		9
	9			6	5			8
		1		7				
5				3	8	1		

172

			4				9	6
		4		1				
	3			7	9			
3						2		
	7	2				6		
		9			2	7	3	
			8	2	6			5
8					5			
5						9		

173

				7				
		8	1		4	2		
			9		6			
		4				9		
6								8
	2		7		3		4	
	4						2	
	5	1	6		2	4	8	
7		2				5		9

174

	4		5	1				
7		2	4			6	1	
9				4			3	8
		8			5			
4				8			2	5
8		4	1			9	5	
	1		7	2				

175

		4			6			
	1				3	5	2	
7			1		9			
				9		7		4
	6						1	
				1		6		9
5			3		4			
	4				1	3	7	
		2			8			

				8				
		5				7		
	1		9		3		5	
3	7			1		2		
	8				4			1
	6					3		
6							1	
	9		1	2	7	5		
		1			5			

177

5	9					8		
		2	4		6			9
					5	9	7	8
		3	9					1
					7	5	3	2
		6	1		2			3
2	7					1		

	8	5						
				2	3	5		
		4	8				7	
1	7						5	
			9	1			6	
				6		8		
						9		2
8	9				4			7
	4				9			

1	6				5			
		9			1	7		
				6			9	
	8			9			4	7
		1			3	6		
6		2	4					
	1		7	4			5	
		7			9			8
			5					3

	1						5	
8				3				1
		4				2		
	9	7				4	8	
3								5
			7		2			
			6		3			
		1				8		
		9	4		5	6		

181

				8	6		5	
5						7		
			7	3				6
	8	1					7	2
		6			2			
	4	2					1	3
			4	5				8
1						9		
				9	1		2	

2			8					
				5		3		8
	3	8		9			4	
1		6						2
						1		
7		2						9
	4	7		1			2	
				4		9		3
6			7					

183

					3		6	8
9						5		
		8		5				
5		4			7		2	6
		1			8			
8		7			6		4	3
		9		7				
4						2		
					2		7	1

					7			9
	1			9				
	3			1	8	6	4	
1							3	
	7			6				
5							1	
	8			7	1	3	9	
	6			3				
					5			4

185

	7		8		6		1	
		8	2		7	3		
8								4
		7				6		
4			5	7	1			8
1								5
			1	4	8			
	8		7		9		6	

			2		5			
1				9	3			7
						4		
5	7							9
		4	5				2	8
3	8							1
						8		
6				1	9			3
			6		2			

187

		6				1		
			3	2	1			
2	7						9	3
5			4		8			9
	9						1	
		4				6		
			5	8	3			
		9				5		
7			6		9			8

							5	
						9		3
			7	8	3		2	
		9		1	2	7		
	6				7	2		
	1	2	3			5		
	7	5	6		9			
9		1	8	7				
	4							

189

				1				
						8		
			8	2	3		1	5
		2					3	
6		1			4		9	
		8		5		1		4
	8				2	4		
		6	9	3				
		9			5			1

190

			7		3			
	4	9				7	6	
9								5
	5						7	
	2	7		6		8	9	
8	9		3		1		5	7
4	3	5				6	1	9

191

							9	
	8		9					1
9				6	3			
3		2			8	9		
		5	2			4		
8		1		7			2	
	5		4	8	6			
		3					6	
			3		7	5		

		5	6		4	7		
	2						9	
		9	5	6	1	3		
6	8		3		9		5	7
			7		8			
	3	1				2	8	
8								5

193

				4				7
						2	6	
			8	9		3		1
		5				1		
3		4			6			
				5			2	4
	8	9	5					6
	7				1			
5		3			4	8		

194

			9				5	
						1		
				2		9	3	8
3				7		5	4	
		4	3		6	8		2
				1				
	4	9	7	6				
1		7	4				8	
		3		5				

195

	7							
1					7		3	
				3	8	5	7	1
					1		5	9
		4						8
	5	1	2					3
		6						
	4	7	1				2	
		5	8	6	9			

				2		4	3	
7			3		6	2	5	9
	8	6	2					
			5				9	4
	1	5	4					
2			6		7	3	4	1
				3		6	8	

197

				5	1			2
	5		8				7	
1		9						
3	2			8	7		4	
						2		
9	8			1	5		6	
4		3						
	9		5				2	
				3	4			9

198

	1					5		
		8		3				
3			2					6
1	9	3	8					7
							9	4
4	2	7	6					3
8			5					2
		9		8				
	6					7		

199

			4					3
				5	8	6	1	
	8				7	4		
		7		2		9		5
		3	5					1
		8	2	1				
		9					7	
	4			7	3			6

200

				7				3
		4						
3			5		4		6	7
	4	9		2	3		7	
	8							
	1	7		4	6		3	
4			7		5		1	2
		6						
				9				5

Solutions

1

4	2	6	7	1	8	3	5	9
3	7	1	5	6	9	2	8	4
8	5	9	4	2	3	6	1	7
1	3	7	6	5	4	8	9	2
6	8	2	1	9	7	5	4	3
9	4	5	3	8	2	7	6	1
2	9	4	8	3	6	1	7	5
7	1	8	2	4	5	9	3	6
5	6	3	9	7	1	4	2	8

2

3	5	9	2	6	8	4	7	1
8	7	6	4	1	9	3	5	2
4	1	2	5	7	3	8	6	9
9	2	5	8	4	7	1	3	6
7	8	1	3	9	6	5	2	4
6	4	3	1	5	2	9	8	7
2	3	7	9	8	1	6	4	5
1	6	4	7	3	5	2	9	8
5	9	8	6	2	4	7	1	3

3

7	3	2	5	1	8	9	6	4
1	4	6	3	9	7	8	2	5
9	5	8	2	6	4	3	7	1
6	9	7	8	5	2	1	4	3
4	8	3	6	7	1	2	5	9
5	2	1	9	4	3	6	8	7
3	1	5	7	8	6	4	9	2
2	6	9	4	3	5	7	1	8
8	7	4	1	2	9	5	3	6

4

1	2	5	6	8	4	7	9	3
3	8	7	2	1	9	6	4	5
4	6	9	7	3	5	8	2	1
7	3	2	9	5	6	1	8	4
9	4	8	1	2	7	5	3	6
5	1	6	8	4	3	2	7	9
6	5	3	4	7	8	9	1	2
2	7	4	5	9	1	3	6	8
8	9	1	3	6	2	4	5	7

5

6	9	4	8	7	1	2	5	3
7	5	1	6	2	3	9	4	8
8	2	3	4	5	9	1	7	6
2	1	6	5	9	8	7	3	4
3	7	8	1	4	2	5	6	9
9	4	5	7	3	6	8	1	2
5	6	7	2	8	4	3	9	1
4	3	2	9	1	7	6	8	5
1	8	9	3	6	5	4	2	7

6

4	9	8	5	7	6	1	3	2
7	3	1	4	2	9	6	8	5
5	2	6	8	1	3	7	4	9
9	8	5	2	3	7	4	6	1
3	1	7	6	5	4	2	9	8
2	6	4	1	9	8	3	5	7
8	7	9	3	4	2	5	1	6
1	4	2	9	6	5	8	7	3
6	5	3	7	8	1	9	2	4

7

1	7	6	8	9	3	5	4	2
3	4	9	7	5	2	1	8	6
2	8	5	1	6	4	7	9	3
8	5	1	2	3	6	9	7	4
4	3	7	9	8	5	2	6	1
6	9	2	4	1	7	3	5	8
7	1	3	5	4	8	6	2	9
5	6	8	3	2	9	4	1	7
9	2	4	6	7	1	8	3	5

8

7	6	2	5	4	3	8	1	9
4	1	3	8	7	9	5	2	6
8	9	5	6	1	2	3	7	4
3	4	1	7	9	5	2	6	8
5	8	9	4	2	6	7	3	1
2	7	6	1	3	8	4	9	5
9	2	8	3	6	4	1	5	7
6	5	7	2	8	1	9	4	3
1	3	4	9	5	7	6	8	2

9

2	3	8	9	4	6	5	1	7
7	9	6	1	5	8	2	4	3
5	4	1	2	3	7	9	8	6
6	7	3	8	2	5	1	9	4
1	8	4	3	7	9	6	5	2
9	5	2	4	6	1	7	3	8
3	2	9	6	1	4	8	7	5
8	6	7	5	9	3	4	2	1
4	1	5	7	8	2	3	6	9

10

4	1	5	7	8	3	2	9	6
6	3	2	5	9	1	7	8	4
7	8	9	4	2	6	1	3	5
8	2	4	1	5	7	3	6	9
1	5	6	8	3	9	4	2	7
9	7	3	2	6	4	8	5	1
2	4	8	6	1	5	9	7	3
5	9	1	3	7	8	6	4	2
3	6	7	9	4	2	5	1	8

11

2	8	1	3	6	7	5	9	4
5	4	3	1	2	9	8	6	7
9	6	7	4	8	5	2	1	3
7	3	6	2	1	4	9	8	5
8	5	2	7	9	6	3	4	1
4	1	9	5	3	8	6	7	2
6	2	4	8	5	1	7	3	9
3	7	8	9	4	2	1	5	6
1	9	5	6	7	3	4	2	8

12

1	2	8	3	4	9	7	6	5
4	6	7	2	8	5	3	9	1
9	5	3	6	7	1	4	8	2
2	4	5	7	3	8	6	1	9
7	9	1	5	6	2	8	3	4
8	3	6	1	9	4	5	2	7
6	1	2	8	5	7	9	4	3
5	8	4	9	1	3	2	7	6
3	7	9	4	2	6	1	5	8

13

8	7	6	2	9	3	4	5	1
1	9	2	5	4	7	8	6	3
4	3	5	6	1	8	7	9	2
9	8	3	4	2	1	6	7	5
5	4	7	3	6	9	1	2	8
2	6	1	8	7	5	3	4	9
7	5	8	9	3	4	2	1	6
6	1	9	7	8	2	5	3	4
3	2	4	1	5	6	9	8	7

14

7	9	8	6	4	1	5	2	3
4	3	5	8	2	9	1	7	6
6	2	1	5	7	3	4	9	8
8	7	3	2	5	6	9	1	4
5	6	2	9	1	4	8	3	7
9	1	4	3	8	7	2	6	5
1	4	9	7	3	5	6	8	2
2	5	7	1	6	8	3	4	9
3	8	6	4	9	2	7	5	1

15

3	8	4	5	6	9	1	2	7
6	1	5	2	4	7	8	9	3
7	2	9	1	8	3	6	4	5
2	6	7	9	1	8	3	5	4
9	5	8	4	3	2	7	1	6
1	4	3	6	7	5	9	8	2
8	9	6	3	2	4	5	7	1
5	3	2	7	9	1	4	6	8
4	7	1	8	5	6	2	3	9

16

7	4	5	1	8	6	3	9	2
3	9	1	4	2	5	6	7	8
2	8	6	7	9	3	1	5	4
4	7	8	2	1	9	5	3	6
9	5	3	8	6	7	4	2	1
6	1	2	3	5	4	7	8	9
8	2	7	6	3	1	9	4	5
1	3	9	5	4	8	2	6	7
5	6	4	9	7	2	8	1	3

17

6	2	5	9	1	4	8	7	3
3	9	4	7	6	8	2	5	1
8	1	7	3	5	2	6	4	9
1	5	3	8	2	6	4	9	7
2	4	9	5	3	7	1	8	6
7	6	8	4	9	1	3	2	5
9	7	2	6	8	3	5	1	4
5	3	1	2	4	9	7	6	8
4	8	6	1	7	5	9	3	2

18

8	3	2	9	1	7	5	6	4
9	6	5	4	2	8	7	1	3
4	1	7	3	5	6	2	9	8
7	8	3	5	4	9	1	2	6
2	5	1	7	6	3	4	8	9
6	9	4	2	8	1	3	5	7
1	4	6	8	7	5	9	3	2
5	7	9	6	3	2	8	4	1
3	2	8	1	9	4	6	7	5

19

6	9	4	7	2	5	1	3	8
2	5	1	4	3	8	7	9	6
7	3	8	9	6	1	2	5	4
9	1	2	5	8	4	3	6	7
4	7	5	6	1	3	8	2	9
8	6	3	2	9	7	4	1	5
3	2	6	8	4	9	5	7	1
5	8	9	1	7	2	6	4	3
1	4	7	3	5	6	9	8	2

20

5	1	6	2	9	7	8	3	4
4	7	3	8	1	5	2	9	6
2	9	8	3	4	6	7	5	1
7	5	4	9	8	1	3	6	2
6	3	1	7	2	4	5	8	9
8	2	9	5	6	3	1	4	7
1	4	7	6	3	8	9	2	5
3	6	2	1	5	9	4	7	8
9	8	5	4	7	2	6	1	3

21

4	2	8	9	7	6	3	5	1
9	6	3	1	5	2	4	8	7
5	1	7	3	8	4	2	9	6
3	9	2	5	6	7	8	1	4
7	4	6	8	3	1	5	2	9
8	5	1	2	4	9	6	7	3
2	7	4	6	9	5	1	3	8
1	8	9	4	2	3	7	6	5
6	3	5	7	1	8	9	4	2

22

7	9	5	1	8	4	3	2	6
2	1	4	3	5	6	9	7	8
8	3	6	2	7	9	1	4	5
3	8	7	6	9	1	4	5	2
6	4	1	5	3	2	7	8	9
9	5	2	8	4	7	6	3	1
4	2	8	9	6	3	5	1	7
1	6	3	7	2	5	8	9	4
5	7	9	4	1	8	2	6	3

23

8	2	1	7	4	3	6	9	5
9	4	3	5	6	2	1	8	7
7	5	6	8	1	9	2	4	3
4	1	9	2	8	7	3	5	6
5	8	2	3	9	6	7	1	4
3	6	7	4	5	1	9	2	8
6	7	8	1	2	5	4	3	9
2	9	4	6	3	8	5	7	1
1	3	5	9	7	4	8	6	2

24

8	4	7	6	9	5	2	3	1
1	6	9	7	2	3	8	5	4
5	2	3	4	8	1	7	6	9
9	5	4	3	6	7	1	8	2
7	1	2	9	5	8	6	4	3
6	3	8	1	4	2	5	9	7
3	8	5	2	1	9	4	7	6
2	7	6	8	3	4	9	1	5
4	9	1	5	7	6	3	2	8

25

6	9	8	5	3	2	1	7	4
2	7	4	1	6	9	3	5	8
5	1	3	4	8	7	6	2	9
3	8	1	7	4	6	2	9	5
7	2	5	8	9	1	4	6	3
9	4	6	2	5	3	7	8	1
4	3	9	6	2	8	5	1	7
1	5	2	9	7	4	8	3	6
8	6	7	3	1	5	9	4	2

26

8	7	5	9	1	3	2	4	6
9	3	1	6	2	4	7	8	5
6	2	4	5	7	8	3	1	9
3	4	7	1	5	9	6	2	8
1	8	6	2	3	7	5	9	4
2	5	9	8	4	6	1	3	7
5	9	8	3	6	1	4	7	2
7	1	2	4	8	5	9	6	3
4	6	3	7	9	2	8	5	1

27

6	4	2	9	3	5	7	8	1
7	1	3	4	8	6	5	2	9
9	8	5	1	2	7	3	6	4
4	9	6	7	1	8	2	3	5
2	3	7	5	4	9	6	1	8
1	5	8	2	6	3	4	9	7
3	6	4	8	5	1	9	7	2
8	2	9	6	7	4	1	5	3
5	7	1	3	9	2	8	4	6

28

8	1	9	5	2	6	3	4	7
4	5	6	3	7	8	9	2	1
3	2	7	1	4	9	6	5	8
6	8	3	7	9	5	4	1	2
7	9	5	4	1	2	8	6	3
1	4	2	8	6	3	5	7	9
9	7	1	6	3	4	2	8	5
5	3	4	2	8	7	1	9	6
2	6	8	9	5	1	7	3	4

29

8	6	3	5	2	9	1	7	4
1	7	2	4	6	3	9	5	8
9	4	5	1	7	8	2	3	6
7	5	6	8	4	2	3	9	1
3	2	9	6	1	7	4	8	5
4	8	1	9	3	5	7	6	2
5	3	7	2	8	4	6	1	9
6	9	4	3	5	1	8	2	7
2	1	8	7	9	6	5	4	3

30

3	8	4	1	5	6	2	9	7
6	7	1	2	9	8	3	5	4
5	9	2	4	7	3	1	6	8
8	5	7	3	6	1	4	2	9
1	6	3	9	4	2	7	8	5
2	4	9	7	8	5	6	3	1
4	1	6	8	3	9	5	7	2
9	2	5	6	1	7	8	4	3
7	3	8	5	2	4	9	1	6

31

9	8	2	1	5	4	3	7	6
7	1	6	2	9	3	8	4	5
3	5	4	7	6	8	2	1	9
2	3	8	5	1	6	7	9	4
6	4	1	3	7	9	5	2	8
5	7	9	8	4	2	6	3	1
1	9	5	6	3	7	4	8	2
8	6	3	4	2	1	9	5	7
4	2	7	9	8	5	1	6	3

32

9	7	1	2	8	5	6	4	3
8	6	3	7	4	1	2	5	9
4	2	5	3	9	6	1	8	7
1	9	8	5	3	2	7	6	4
6	4	2	9	1	7	5	3	8
3	5	7	4	6	8	9	2	1
5	3	9	1	2	4	8	7	6
7	8	4	6	5	9	3	1	2
2	1	6	8	7	3	4	9	5

33

7	2	6	5	1	8	9	4	3
9	1	5	3	7	4	8	6	2
4	8	3	6	2	9	1	7	5
2	5	9	1	3	6	7	8	4
1	3	8	7	4	2	5	9	6
6	7	4	9	8	5	3	2	1
8	9	1	4	6	3	2	5	7
5	6	7	2	9	1	4	3	8
3	4	2	8	5	7	6	1	9

34

3	9	1	4	6	2	7	8	5
7	6	2	5	8	9	3	4	1
8	4	5	3	7	1	6	2	9
6	5	8	9	2	3	4	1	7
9	1	3	7	5	4	8	6	2
4	2	7	8	1	6	9	5	3
5	8	4	2	3	7	1	9	6
2	3	6	1	9	8	5	7	4
1	7	9	6	4	5	2	3	8

35

7	5	4	6	1	2	9	8	3
3	8	2	9	7	5	6	1	4
1	9	6	4	3	8	5	7	2
2	6	7	5	4	1	3	9	8
9	4	1	8	6	3	2	5	7
5	3	8	2	9	7	1	4	6
6	2	5	7	8	9	4	3	1
4	7	3	1	5	6	8	2	9
8	1	9	3	2	4	7	6	5

36

7	6	4	8	1	3	9	2	5
5	3	2	9	4	6	8	7	1
9	1	8	2	7	5	6	3	4
4	8	6	1	5	2	3	9	7
1	9	5	7	3	8	4	6	2
2	7	3	4	6	9	5	1	8
3	2	7	6	8	4	1	5	9
6	4	1	5	9	7	2	8	3
8	5	9	3	2	1	7	4	6

37

1	6	9	8	2	4	3	7	5
5	4	8	7	3	9	6	2	1
7	3	2	6	5	1	9	8	4
4	9	6	3	7	8	1	5	2
8	5	1	9	4	2	7	3	6
2	7	3	1	6	5	4	9	8
6	2	7	5	1	3	8	4	9
9	1	5	4	8	7	2	6	3
3	8	4	2	9	6	5	1	7

38

4	1	7	5	6	8	2	9	3
8	5	3	2	9	4	1	7	6
9	2	6	1	3	7	8	5	4
1	4	9	6	7	3	5	8	2
6	8	5	4	1	2	7	3	9
3	7	2	8	5	9	4	6	1
5	9	1	7	4	6	3	2	8
2	6	4	3	8	5	9	1	7
7	3	8	9	2	1	6	4	5

39

3	9	8	1	6	5	7	4	2
5	1	6	4	2	7	3	9	8
2	7	4	3	9	8	6	1	5
7	5	1	6	4	2	9	8	3
8	2	9	5	7	3	1	6	4
4	6	3	8	1	9	5	2	7
9	3	2	7	8	1	4	5	6
6	8	7	9	5	4	2	3	1
1	4	5	2	3	6	8	7	9

40

5	8	2	4	9	7	3	6	1
4	6	9	5	3	1	2	8	7
1	7	3	2	8	6	4	9	5
6	9	4	3	7	2	5	1	8
7	5	8	6	1	4	9	2	3
2	3	1	9	5	8	6	7	4
9	2	7	1	4	5	8	3	6
3	1	5	8	6	9	7	4	2
8	4	6	7	2	3	1	5	9

41

3	5	9	6	4	7	1	8	2
7	8	1	5	3	2	4	9	6
4	6	2	1	8	9	5	7	3
5	9	8	2	7	3	6	1	4
1	3	4	8	5	6	9	2	7
6	2	7	9	1	4	8	3	5
8	1	3	7	6	5	2	4	9
9	7	5	4	2	8	3	6	1
2	4	6	3	9	1	7	5	8

42

6	2	9	7	8	3	1	5	4
5	4	7	1	2	9	8	6	3
3	8	1	4	6	5	9	2	7
4	6	8	2	5	7	3	9	1
1	3	2	6	9	4	5	7	8
9	7	5	8	3	1	2	4	6
7	9	4	3	1	2	6	8	5
8	5	3	9	7	6	4	1	2
2	1	6	5	4	8	7	3	9

43

2	3	5	6	8	7	1	4	9
6	7	4	5	9	1	8	3	2
9	1	8	4	3	2	6	7	5
5	8	9	7	6	3	2	1	4
7	4	3	2	1	8	5	9	6
1	2	6	9	5	4	3	8	7
4	5	1	8	2	9	7	6	3
8	6	7	3	4	5	9	2	1
3	9	2	1	7	6	4	5	8

44

9	3	2	1	4	8	5	7	6
6	1	4	5	7	2	8	9	3
5	8	7	6	3	9	4	1	2
8	9	5	7	2	3	1	6	4
7	4	1	9	5	6	3	2	8
2	6	3	8	1	4	7	5	9
1	2	6	3	8	7	9	4	5
4	7	8	2	9	5	6	3	1
3	5	9	4	6	1	2	8	7

45

4	7	2	9	6	1	3	5	8
5	1	9	4	3	8	2	6	7
6	8	3	2	5	7	4	9	1
7	4	5	1	8	6	9	3	2
8	9	1	3	2	4	6	7	5
2	3	6	5	7	9	8	1	4
1	2	8	7	9	3	5	4	6
9	5	4	6	1	2	7	8	3
3	6	7	8	4	5	1	2	9

46

9	8	2	7	5	6	3	4	1
3	5	1	9	4	2	8	7	6
7	4	6	3	1	8	2	5	9
2	9	4	6	7	1	5	3	8
1	7	5	8	2	3	6	9	4
8	6	3	5	9	4	7	1	2
4	3	9	2	8	5	1	6	7
5	1	8	4	6	7	9	2	3
6	2	7	1	3	9	4	8	5

47

7	9	4	2	5	1	3	6	8
2	8	6	4	9	3	1	7	5
5	3	1	7	6	8	4	9	2
6	7	5	3	1	2	9	8	4
8	1	9	6	4	5	7	2	3
4	2	3	9	8	7	6	5	1
3	5	7	1	2	6	8	4	9
9	6	2	8	3	4	5	1	7
1	4	8	5	7	9	2	3	6

48

7	6	4	2	3	1	9	5	8
5	1	3	8	7	9	2	4	6
8	9	2	4	5	6	7	1	3
9	3	7	1	8	5	4	6	2
6	8	5	9	2	4	3	7	1
2	4	1	3	6	7	8	9	5
1	7	8	5	4	3	6	2	9
3	5	6	7	9	2	1	8	4
4	2	9	6	1	8	5	3	7

49

8	3	7	9	4	1	2	5	6
4	5	9	6	3	2	7	1	8
6	2	1	5	7	8	9	3	4
5	1	8	3	6	7	4	9	2
2	9	6	4	8	5	3	7	1
7	4	3	1	2	9	8	6	5
1	6	2	7	9	4	5	8	3
9	8	5	2	1	3	6	4	7
3	7	4	8	5	6	1	2	9

50

4	6	3	9	1	7	2	8	5
1	8	5	6	4	2	3	7	9
7	2	9	3	8	5	1	6	4
2	1	6	8	5	9	4	3	7
9	5	4	7	6	3	8	2	1
8	3	7	4	2	1	9	5	6
5	7	8	2	9	4	6	1	3
6	4	1	5	3	8	7	9	2
3	9	2	1	7	6	5	4	8

51

9	7	8	5	2	3	6	4	1
5	4	1	9	6	7	8	2	3
6	3	2	8	4	1	7	5	9
7	8	3	1	5	4	9	6	2
4	1	9	2	8	6	3	7	5
2	6	5	3	7	9	1	8	4
1	5	6	4	3	8	2	9	7
3	2	7	6	9	5	4	1	8
8	9	4	7	1	2	5	3	6

52

4	8	6	3	9	2	5	1	7
3	1	2	5	4	7	9	6	8
7	9	5	1	6	8	4	2	3
1	6	9	2	8	3	7	5	4
8	5	4	7	1	6	3	9	2
2	3	7	4	5	9	6	8	1
5	4	8	6	3	1	2	7	9
6	2	1	9	7	4	8	3	5
9	7	3	8	2	5	1	4	6

53

1	5	8	9	7	2	4	6	3
7	2	9	6	4	3	5	8	1
6	3	4	8	5	1	7	9	2
8	4	1	2	3	5	6	7	9
5	6	2	1	9	7	8	3	4
9	7	3	4	8	6	1	2	5
3	1	7	5	2	8	9	4	6
4	8	5	3	6	9	2	1	7
2	9	6	7	1	4	3	5	8

54

9	4	2	5	3	1	6	8	7
5	7	6	8	9	4	1	2	3
8	3	1	6	7	2	9	5	4
2	8	3	9	1	5	4	7	6
7	5	9	2	4	6	8	3	1
1	6	4	7	8	3	5	9	2
6	2	7	4	5	9	3	1	8
4	1	5	3	2	8	7	6	9
3	9	8	1	6	7	2	4	5

55

9	3	1	5	2	7	6	8	4
8	6	5	3	1	4	7	2	9
2	4	7	8	9	6	5	3	1
1	5	4	2	7	8	3	9	6
3	2	6	9	4	1	8	7	5
7	9	8	6	5	3	1	4	2
6	8	9	4	3	5	2	1	7
4	7	3	1	6	2	9	5	8
5	1	2	7	8	9	4	6	3

56

6	1	8	4	9	2	7	5	3
4	7	5	3	1	6	9	8	2
3	9	2	5	7	8	6	4	1
2	8	9	1	3	7	4	6	5
7	6	4	9	2	5	3	1	8
5	3	1	6	8	4	2	7	9
1	2	7	8	4	9	5	3	6
8	4	6	2	5	3	1	9	7
9	5	3	7	6	1	8	2	4

57

2	4	8	3	5	1	9	6	7
1	5	7	9	6	4	8	3	2
9	6	3	7	8	2	4	1	5
5	1	9	4	7	6	3	2	8
4	7	6	2	3	8	1	5	9
8	3	2	5	1	9	6	7	4
3	8	4	6	2	5	7	9	1
7	2	1	8	9	3	5	4	6
6	9	5	1	4	7	2	8	3

58

3	5	6	4	7	9	8	2	1
8	4	1	2	6	5	9	3	7
9	7	2	3	1	8	4	5	6
5	8	7	6	9	3	1	4	2
2	1	4	8	5	7	6	9	3
6	3	9	1	2	4	7	8	5
1	9	3	5	8	6	2	7	4
4	6	8	7	3	2	5	1	9
7	2	5	9	4	1	3	6	8

59

9	6	3	7	2	1	5	4	8
5	8	4	9	3	6	2	7	1
2	7	1	4	8	5	3	6	9
7	3	6	8	1	9	4	5	2
1	4	9	2	5	7	8	3	6
8	5	2	3	6	4	1	9	7
3	1	5	6	7	8	9	2	4
6	9	8	5	4	2	7	1	3
4	2	7	1	9	3	6	8	5

60

7	6	8	2	1	3	5	4	9
3	5	9	8	6	4	7	2	1
1	4	2	9	5	7	6	3	8
4	2	7	1	3	6	9	8	5
5	3	1	7	8	9	2	6	4
9	8	6	4	2	5	1	7	3
8	1	3	6	9	2	4	5	7
6	7	5	3	4	1	8	9	2
2	9	4	5	7	8	3	1	6

61

1	7	2	5	4	9	3	8	6
8	3	5	7	2	6	9	4	1
6	4	9	1	8	3	5	2	7
7	9	8	6	5	1	2	3	4
3	5	6	4	9	2	7	1	8
2	1	4	3	7	8	6	5	9
4	8	7	2	6	5	1	9	3
9	2	3	8	1	7	4	6	5
5	6	1	9	3	4	8	7	2

62

3	9	6	8	1	7	4	5	2
5	2	7	6	4	9	3	1	8
8	1	4	5	3	2	6	9	7
2	7	3	1	6	4	5	8	9
6	4	9	7	8	5	1	2	3
1	8	5	9	2	3	7	6	4
7	6	1	4	9	8	2	3	5
4	3	8	2	5	1	9	7	6
9	5	2	3	7	6	8	4	1

63

1	4	2	3	6	9	8	5	7
3	7	9	8	4	5	1	2	6
5	6	8	7	2	1	4	3	9
2	1	3	9	7	6	5	4	8
7	9	4	5	8	2	6	1	3
8	5	6	1	3	4	9	7	2
6	3	7	4	1	8	2	9	5
4	2	5	6	9	7	3	8	1
9	8	1	2	5	3	7	6	4

64

8	3	9	6	4	2	1	7	5
2	7	6	1	8	5	4	9	3
5	4	1	3	9	7	8	6	2
3	6	7	8	2	4	5	1	9
9	8	2	5	1	6	7	3	4
1	5	4	9	7	3	6	2	8
7	9	5	2	6	8	3	4	1
4	1	8	7	3	9	2	5	6
6	2	3	4	5	1	9	8	7

65

1	6	8	9	3	7	4	5	2
3	5	7	2	1	4	9	6	8
9	4	2	8	6	5	1	3	7
7	3	9	6	5	8	2	1	4
8	1	5	3	4	2	6	7	9
6	2	4	1	7	9	3	8	5
2	7	1	4	8	3	5	9	6
5	9	3	7	2	6	8	4	1
4	8	6	5	9	1	7	2	3

66

2	3	4	1	5	7	6	8	9
9	5	1	6	4	8	2	3	7
6	7	8	9	2	3	5	1	4
3	1	9	5	8	6	7	4	2
5	4	7	2	3	9	1	6	8
8	2	6	4	7	1	3	9	5
4	8	2	3	1	5	9	7	6
7	9	3	8	6	2	4	5	1
1	6	5	7	9	4	8	2	3

67

5	9	6	8	3	7	4	2	1
2	8	4	6	1	5	9	3	7
7	1	3	4	9	2	8	5	6
9	5	7	1	6	8	2	4	3
1	4	8	2	5	3	6	7	9
6	3	2	9	7	4	1	8	5
4	6	5	3	2	9	7	1	8
8	7	1	5	4	6	3	9	2
3	2	9	7	8	1	5	6	4

68

1	2	7	4	6	3	8	5	9
9	8	3	5	1	7	4	2	6
6	4	5	8	2	9	3	1	7
5	3	9	2	7	4	6	8	1
2	6	1	9	8	5	7	3	4
8	7	4	1	3	6	2	9	5
3	9	8	6	4	1	5	7	2
4	5	2	7	9	8	1	6	3
7	1	6	3	5	2	9	4	8

69

6	3	4	1	7	5	2	8	9
8	7	9	4	3	2	6	1	5
5	2	1	8	9	6	7	3	4
1	9	2	7	5	3	8	4	6
4	8	6	2	1	9	3	5	7
3	5	7	6	4	8	9	2	1
2	1	5	9	8	7	4	6	3
9	4	8	3	6	1	5	7	2
7	6	3	5	2	4	1	9	8

70

6	1	4	8	7	5	3	2	9
7	5	3	9	6	2	4	1	8
9	2	8	1	3	4	5	7	6
2	6	1	3	5	8	9	4	7
4	8	9	7	2	1	6	3	5
5	3	7	4	9	6	1	8	2
8	7	6	5	1	3	2	9	4
3	9	5	2	4	7	8	6	1
1	4	2	6	8	9	7	5	3

71

5	8	1	2	6	7	4	3	9
6	7	3	5	4	9	1	2	8
9	4	2	1	8	3	5	6	7
1	6	4	3	9	8	7	5	2
8	5	7	4	1	2	3	9	6
3	2	9	7	5	6	8	1	4
7	3	6	8	2	5	9	4	1
4	9	8	6	3	1	2	7	5
2	1	5	9	7	4	6	8	3

72

3	2	6	5	4	9	7	8	1
1	5	7	8	3	6	4	2	9
4	9	8	2	7	1	3	5	6
7	3	9	4	6	8	2	1	5
6	8	1	7	2	5	9	3	4
2	4	5	1	9	3	6	7	8
5	7	2	6	1	4	8	9	3
8	6	3	9	5	7	1	4	2
9	1	4	3	8	2	5	6	7

73

1	4	7	2	3	8	9	5	6
9	3	6	4	1	5	8	7	2
5	2	8	9	7	6	4	3	1
7	9	3	5	6	2	1	4	8
2	5	4	8	9	1	3	6	7
6	8	1	7	4	3	5	2	9
8	7	2	3	5	9	6	1	4
4	1	5	6	8	7	2	9	3
3	6	9	1	2	4	7	8	5

74

3	6	7	1	2	5	8	9	4
1	4	2	3	9	8	7	5	6
5	8	9	6	4	7	1	3	2
9	7	5	8	6	4	2	1	3
6	2	4	7	1	3	9	8	5
8	1	3	2	5	9	6	4	7
2	5	1	4	8	6	3	7	9
4	3	6	9	7	1	5	2	8
7	9	8	5	3	2	4	6	1

75

5	4	3	8	1	6	7	2	9
8	9	1	4	7	2	5	6	3
2	7	6	9	5	3	4	8	1
4	2	9	5	8	7	1	3	6
7	3	8	1	6	9	2	4	5
1	6	5	3	2	4	8	9	7
6	5	7	2	9	8	3	1	4
9	8	4	7	3	1	6	5	2
3	1	2	6	4	5	9	7	8

76

9	7	5	6	1	4	3	2	8
2	6	3	5	8	7	9	1	4
4	8	1	2	3	9	7	5	6
8	9	4	1	2	5	6	7	3
3	5	7	4	6	8	1	9	2
6	1	2	9	7	3	4	8	5
7	2	8	3	9	6	5	4	1
1	4	6	7	5	2	8	3	9
5	3	9	8	4	1	2	6	7

77

1	8	6	5	4	7	9	2	3
3	2	5	9	6	1	8	4	7
4	9	7	2	8	3	6	5	1
2	4	3	7	9	5	1	8	6
6	5	9	4	1	8	3	7	2
8	7	1	3	2	6	4	9	5
9	6	4	1	7	2	5	3	8
5	1	2	8	3	4	7	6	9
7	3	8	6	5	9	2	1	4

78

5	2	4	1	7	9	6	3	8
1	6	3	2	8	4	9	5	7
8	9	7	3	6	5	4	1	2
6	7	1	9	4	8	5	2	3
2	5	8	6	3	7	1	4	9
3	4	9	5	1	2	8	7	6
4	8	2	7	5	6	3	9	1
7	1	5	8	9	3	2	6	4
9	3	6	4	2	1	7	8	5

79

1	2	4	3	5	7	9	8	6
6	9	3	8	1	4	5	2	7
5	7	8	9	6	2	3	1	4
2	3	1	4	7	8	6	9	5
9	6	7	5	3	1	2	4	8
8	4	5	2	9	6	7	3	1
3	1	9	7	8	5	4	6	2
7	8	2	6	4	3	1	5	9
4	5	6	1	2	9	8	7	3

80

6	8	1	7	2	4	5	3	9
4	2	3	5	9	6	8	1	7
9	5	7	3	8	1	6	4	2
1	6	9	4	3	2	7	5	8
8	3	4	6	7	5	2	9	1
5	7	2	8	1	9	3	6	4
2	4	5	9	6	8	1	7	3
3	9	8	1	5	7	4	2	6
7	1	6	2	4	3	9	8	5

81

5	1	7	4	2	6	9	8	3
2	6	8	9	1	3	5	7	4
3	4	9	7	5	8	2	1	6
9	8	4	1	3	5	7	6	2
7	5	2	8	6	4	3	9	1
1	3	6	2	9	7	4	5	8
8	9	5	3	4	1	6	2	7
4	2	1	6	7	9	8	3	5
6	7	3	5	8	2	1	4	9

82

7	9	1	5	2	3	8	6	4
5	2	8	9	4	6	3	1	7
6	3	4	8	1	7	5	9	2
8	4	7	6	3	2	1	5	9
3	1	2	7	5	9	4	8	6
9	6	5	1	8	4	7	2	3
4	5	3	2	9	8	6	7	1
1	7	9	4	6	5	2	3	8
2	8	6	3	7	1	9	4	5

83

3	7	4	1	2	6	8	9	5
6	9	8	5	4	3	7	1	2
2	5	1	9	7	8	6	3	4
7	1	6	3	9	2	4	5	8
4	3	9	8	5	7	2	6	1
5	8	2	6	1	4	3	7	9
8	4	5	7	3	9	1	2	6
9	6	3	2	8	1	5	4	7
1	2	7	4	6	5	9	8	3

84

3	4	7	9	8	5	1	6	2
1	8	5	6	4	2	9	7	3
9	2	6	7	1	3	4	5	8
8	3	1	5	7	4	2	9	6
2	6	4	3	9	1	7	8	5
5	7	9	8	2	6	3	1	4
6	1	8	2	3	7	5	4	9
4	9	3	1	5	8	6	2	7
7	5	2	4	6	9	8	3	1

85

9	8	7	3	5	4	1	2	6
3	6	5	2	1	9	4	7	8
4	1	2	7	6	8	3	9	5
1	3	8	6	9	7	5	4	2
5	4	9	1	8	2	7	6	3
7	2	6	5	4	3	8	1	9
6	7	1	8	2	5	9	3	4
8	9	3	4	7	6	2	5	1
2	5	4	9	3	1	6	8	7

86

8	7	6	1	2	3	9	4	5
2	3	9	4	7	5	8	6	1
4	1	5	6	9	8	3	2	7
1	9	2	3	5	4	6	7	8
7	6	4	9	8	1	2	5	3
3	5	8	2	6	7	1	9	4
5	2	1	8	4	6	7	3	9
6	4	3	7	1	9	5	8	2
9	8	7	5	3	2	4	1	6

87

8	4	7	5	2	3	1	9	6
1	3	2	9	4	6	5	8	7
9	6	5	1	7	8	3	4	2
6	1	8	4	9	7	2	3	5
2	7	3	8	5	1	9	6	4
4	5	9	6	3	2	7	1	8
3	2	4	7	8	9	6	5	1
5	9	6	2	1	4	8	7	3
7	8	1	3	6	5	4	2	9

88

2	4	1	3	7	5	6	8	9
5	6	9	2	8	4	3	7	1
8	3	7	1	6	9	4	2	5
6	2	3	9	1	7	8	5	4
4	7	8	6	5	2	9	1	3
1	9	5	4	3	8	7	6	2
9	5	6	7	4	1	2	3	8
3	8	4	5	2	6	1	9	7
7	1	2	8	9	3	5	4	6

89

6	3	5	8	2	7	4	1	9
4	8	1	3	5	9	7	6	2
2	9	7	4	6	1	8	3	5
8	1	4	2	3	5	9	7	6
7	6	9	1	4	8	5	2	3
5	2	3	7	9	6	1	4	8
9	4	6	5	1	2	3	8	7
1	5	8	6	7	3	2	9	4
3	7	2	9	8	4	6	5	1

90

8	6	2	1	3	5	9	4	7
7	1	9	4	2	8	6	3	5
5	4	3	9	6	7	2	1	8
3	2	4	7	8	6	5	9	1
6	7	5	2	1	9	3	8	4
1	9	8	5	4	3	7	6	2
4	3	1	6	7	2	8	5	9
2	5	6	8	9	4	1	7	3
9	8	7	3	5	1	4	2	6

91

1	6	8	4	7	5	3	9	2
3	9	5	8	1	2	4	6	7
4	2	7	6	9	3	5	1	8
5	1	6	9	4	7	2	8	3
8	4	2	3	6	1	7	5	9
9	7	3	5	2	8	6	4	1
2	5	1	7	8	6	9	3	4
6	8	9	2	3	4	1	7	5
7	3	4	1	5	9	8	2	6

92

1	6	2	8	4	5	9	7	3
4	9	5	3	7	1	8	2	6
7	8	3	9	2	6	5	4	1
9	3	6	1	5	2	7	8	4
8	5	4	7	6	3	2	1	9
2	1	7	4	9	8	6	3	5
6	4	8	2	3	9	1	5	7
3	2	9	5	1	7	4	6	8
5	7	1	6	8	4	3	9	2

93

6	3	2	5	4	8	1	9	7
7	8	5	1	6	9	3	4	2
4	9	1	7	2	3	5	6	8
1	7	6	9	5	4	2	8	3
3	5	9	8	1	2	6	7	4
8	2	4	6	3	7	9	5	1
9	1	3	4	7	5	8	2	6
5	6	7	2	8	1	4	3	9
2	4	8	3	9	6	7	1	5

94

4	6	9	2	1	5	3	7	8
7	1	8	9	3	6	2	5	4
2	3	5	4	7	8	9	6	1
5	4	6	7	2	9	8	1	3
1	7	3	6	8	4	5	9	2
8	9	2	1	5	3	6	4	7
3	2	7	5	9	1	4	8	6
9	8	4	3	6	7	1	2	5
6	5	1	8	4	2	7	3	9

95

6	5	3	1	8	2	7	9	4
7	4	2	9	3	5	8	6	1
1	9	8	7	6	4	5	2	3
8	1	5	6	4	9	2	3	7
4	2	6	3	1	7	9	8	5
9	3	7	5	2	8	1	4	6
5	7	4	8	9	3	6	1	2
2	6	9	4	5	1	3	7	8
3	8	1	2	7	6	4	5	9

96

3	2	9	4	5	7	1	6	8
1	5	6	2	3	8	9	4	7
8	7	4	6	9	1	3	5	2
7	9	8	5	1	3	4	2	6
6	1	2	9	8	4	5	7	3
5	4	3	7	2	6	8	9	1
2	8	7	1	4	5	6	3	9
9	3	5	8	6	2	7	1	4
4	6	1	3	7	9	2	8	5

97

9	1	3	6	4	5	8	2	7
4	7	5	2	1	8	6	9	3
6	8	2	7	9	3	1	4	5
2	4	8	1	7	9	5	3	6
5	6	1	3	8	2	9	7	4
3	9	7	4	5	6	2	1	8
1	5	9	8	3	4	7	6	2
8	2	4	9	6	7	3	5	1
7	3	6	5	2	1	4	8	9

98

6	1	3	2	5	4	8	9	7
7	2	4	6	8	9	5	3	1
9	8	5	3	7	1	4	6	2
1	6	7	5	4	2	3	8	9
5	4	9	7	3	8	1	2	6
2	3	8	9	1	6	7	5	4
3	5	2	4	6	7	9	1	8
4	9	1	8	2	5	6	7	3
8	7	6	1	9	3	2	4	5

99

3	5	4	7	9	8	6	2	1
7	6	8	1	2	3	4	5	9
9	1	2	6	5	4	3	8	7
4	7	6	5	8	1	2	9	3
1	2	3	9	4	6	8	7	5
8	9	5	2	3	7	1	4	6
2	3	9	8	6	5	7	1	4
5	4	1	3	7	2	9	6	8
6	8	7	4	1	9	5	3	2

100

7	6	4	1	8	5	9	3	2
9	2	5	4	7	3	8	6	1
3	1	8	6	9	2	5	4	7
1	5	3	8	6	7	2	9	4
4	9	6	3	2	1	7	5	8
2	8	7	9	5	4	3	1	6
8	7	1	5	3	6	4	2	9
6	3	9	2	4	8	1	7	5
5	4	2	7	1	9	6	8	3

101

7	5	1	2	9	6	8	4	3
3	8	9	4	1	5	2	7	6
4	6	2	3	8	7	1	9	5
6	9	3	1	5	8	4	2	7
8	7	4	6	2	9	3	5	1
1	2	5	7	3	4	9	6	8
2	3	6	9	7	1	5	8	4
5	1	7	8	4	2	6	3	9
9	4	8	5	6	3	7	1	2

102

5	2	3	8	7	9	6	1	4
6	7	1	4	3	5	2	9	8
8	4	9	6	2	1	3	7	5
9	8	5	7	1	2	4	3	6
4	1	2	9	6	3	8	5	7
7	3	6	5	8	4	1	2	9
2	9	7	3	4	8	5	6	1
3	6	8	1	5	7	9	4	2
1	5	4	2	9	6	7	8	3

103

2	6	9	3	5	1	8	7	4
1	5	3	7	4	8	6	2	9
8	4	7	6	2	9	5	1	3
5	9	1	2	6	4	3	8	7
7	3	6	8	9	5	2	4	1
4	2	8	1	7	3	9	5	6
6	1	4	5	3	2	7	9	8
3	8	5	9	1	7	4	6	2
9	7	2	4	8	6	1	3	5

104

3	5	6	7	2	9	4	8	1
2	9	1	5	8	4	3	6	7
8	7	4	3	1	6	5	2	9
6	4	5	9	7	2	1	3	8
9	8	3	1	4	5	6	7	2
1	2	7	8	6	3	9	4	5
4	6	8	2	9	1	7	5	3
7	3	9	6	5	8	2	1	4
5	1	2	4	3	7	8	9	6

105

1	6	4	3	2	8	9	5	7
8	9	5	4	1	7	6	2	3
7	3	2	9	6	5	4	1	8
6	7	8	1	4	2	3	9	5
4	2	3	6	5	9	7	8	1
9	5	1	7	8	3	2	4	6
2	8	9	5	3	6	1	7	4
5	4	6	2	7	1	8	3	9
3	1	7	8	9	4	5	6	2

106

9	7	4	3	1	8	2	5	6
3	5	8	9	6	2	1	4	7
2	1	6	5	4	7	9	3	8
1	6	9	4	3	5	7	8	2
7	3	5	2	8	1	6	9	4
8	4	2	7	9	6	5	1	3
4	2	7	1	5	3	8	6	9
5	8	3	6	7	9	4	2	1
6	9	1	8	2	4	3	7	5

107

4	2	1	7	3	6	9	5	8
7	8	9	4	2	5	1	6	3
3	5	6	1	9	8	4	2	7
1	9	2	3	7	4	6	8	5
6	3	4	5	8	2	7	9	1
8	7	5	6	1	9	3	4	2
2	6	7	8	4	1	5	3	9
5	1	8	9	6	3	2	7	4
9	4	3	2	5	7	8	1	6

108

6	1	9	7	5	2	8	4	3
7	4	3	8	1	9	6	2	5
5	2	8	3	4	6	1	7	9
4	6	5	2	3	7	9	1	8
1	8	7	6	9	5	2	3	4
9	3	2	1	8	4	7	5	6
8	7	6	5	2	3	4	9	1
2	5	4	9	6	1	3	8	7
3	9	1	4	7	8	5	6	2

109

9	3	8	1	4	7	5	6	2
2	4	1	5	6	3	7	8	9
5	7	6	9	2	8	1	3	4
8	9	7	2	3	1	4	5	6
6	1	4	7	9	5	3	2	8
3	2	5	4	8	6	9	1	7
1	8	2	3	7	9	6	4	5
4	5	9	6	1	2	8	7	3
7	6	3	8	5	4	2	9	1

110

2	8	7	9	1	4	5	3	6
6	4	9	5	3	7	8	2	1
1	5	3	8	6	2	4	9	7
9	6	5	4	2	1	3	7	8
3	1	8	7	5	9	2	6	4
7	2	4	6	8	3	9	1	5
4	7	6	3	9	8	1	5	2
5	9	2	1	4	6	7	8	3
8	3	1	2	7	5	6	4	9

111

4	3	9	8	7	1	2	6	5
2	1	7	5	9	6	3	4	8
8	5	6	3	4	2	7	1	9
5	8	3	2	1	9	4	7	6
9	6	1	4	8	7	5	2	3
7	2	4	6	5	3	8	9	1
6	4	2	1	3	8	9	5	7
1	9	8	7	2	5	6	3	4
3	7	5	9	6	4	1	8	2

112

6	8	7	1	4	5	3	9	2
9	3	1	2	6	8	5	4	7
4	2	5	7	9	3	6	8	1
8	5	2	9	7	6	1	3	4
7	1	6	5	3	4	9	2	8
3	4	9	8	1	2	7	6	5
5	7	3	4	8	9	2	1	6
1	6	8	3	2	7	4	5	9
2	9	4	6	5	1	8	7	3

113

5	7	6	9	8	2	3	4	1
2	4	8	3	1	6	9	7	5
1	9	3	7	4	5	6	8	2
7	3	4	8	6	1	2	5	9
6	8	2	5	9	4	7	1	3
9	5	1	2	3	7	4	6	8
8	6	7	1	2	9	5	3	4
3	2	5	4	7	8	1	9	6
4	1	9	6	5	3	8	2	7

114

9	4	7	8	3	6	5	2	1
8	6	1	2	9	5	4	3	7
2	5	3	4	1	7	6	9	8
4	2	9	6	5	8	7	1	3
7	1	6	3	2	4	8	5	9
3	8	5	1	7	9	2	4	6
1	7	4	5	8	3	9	6	2
6	3	8	9	4	2	1	7	5
5	9	2	7	6	1	3	8	4

115

4	8	6	2	5	7	9	3	1
1	5	2	8	3	9	6	4	7
9	3	7	4	6	1	2	8	5
3	2	4	9	7	6	5	1	8
8	9	5	1	2	4	3	7	6
7	6	1	3	8	5	4	9	2
6	1	3	7	4	2	8	5	9
2	7	8	5	9	3	1	6	4
5	4	9	6	1	8	7	2	3

116

8	4	7	9	6	2	1	3	5
1	2	9	8	3	5	6	7	4
6	5	3	4	1	7	9	2	8
4	6	8	5	2	1	3	9	7
2	7	5	3	4	9	8	6	1
3	9	1	7	8	6	5	4	2
5	1	6	2	9	4	7	8	3
7	3	2	6	5	8	4	1	9
9	8	4	1	7	3	2	5	6

117

3	8	9	6	2	4	7	5	1
5	2	7	8	3	1	6	9	4
6	1	4	7	5	9	3	2	8
8	7	2	3	6	5	1	4	9
9	4	3	1	8	7	5	6	2
1	6	5	9	4	2	8	7	3
4	3	6	5	9	8	2	1	7
2	5	1	4	7	3	9	8	6
7	9	8	2	1	6	4	3	5

118

1	9	7	8	4	5	2	6	3
4	3	8	1	6	2	5	7	9
6	2	5	7	9	3	8	4	1
3	5	9	2	7	6	4	1	8
7	6	4	3	8	1	9	5	2
2	8	1	4	5	9	7	3	6
5	4	6	9	3	8	1	2	7
8	7	2	6	1	4	3	9	5
9	1	3	5	2	7	6	8	4

119

1	5	8	2	3	6	9	4	7
9	3	6	8	7	4	2	5	1
2	4	7	5	9	1	3	6	8
3	8	5	4	1	7	6	2	9
6	9	4	3	2	8	7	1	5
7	2	1	9	6	5	4	8	3
5	6	9	7	8	2	1	3	4
8	7	2	1	4	3	5	9	6
4	1	3	6	5	9	8	7	2

120

6	9	3	1	7	8	4	5	2
7	5	1	4	2	9	6	3	8
4	8	2	3	5	6	9	7	1
9	6	8	5	3	2	7	1	4
1	4	5	9	6	7	2	8	3
2	3	7	8	4	1	5	6	9
5	7	9	2	8	3	1	4	6
3	2	6	7	1	4	8	9	5
8	1	4	6	9	5	3	2	7

121

9	3	2	7	6	5	8	4	1
1	7	8	9	2	4	5	3	6
5	6	4	1	8	3	9	2	7
4	5	3	8	7	2	6	1	9
2	9	7	4	1	6	3	5	8
8	1	6	3	5	9	2	7	4
7	8	9	5	3	1	4	6	2
3	2	1	6	4	8	7	9	5
6	4	5	2	9	7	1	8	3

122

8	7	2	5	1	6	9	4	3
4	3	5	8	9	2	7	6	1
1	6	9	7	3	4	5	2	8
2	1	6	4	5	7	8	3	9
7	8	3	6	2	9	1	5	4
5	9	4	1	8	3	6	7	2
9	2	8	3	6	5	4	1	7
3	5	7	9	4	1	2	8	6
6	4	1	2	7	8	3	9	5

123

2	7	5	1	9	8	3	6	4
3	4	8	6	5	7	2	9	1
1	9	6	2	3	4	7	5	8
7	8	9	5	6	3	4	1	2
5	2	4	9	7	1	8	3	6
6	1	3	8	4	2	5	7	9
9	6	7	4	8	5	1	2	3
4	5	1	3	2	6	9	8	7
8	3	2	7	1	9	6	4	5

124

7	2	8	1	6	3	4	9	5
5	4	1	8	9	2	3	7	6
6	3	9	5	7	4	1	2	8
3	8	5	7	1	9	2	6	4
2	9	6	4	5	8	7	1	3
1	7	4	2	3	6	8	5	9
9	1	7	3	8	5	6	4	2
8	5	2	6	4	1	9	3	7
4	6	3	9	2	7	5	8	1

125

5	6	8	7	4	3	9	1	2
1	7	3	2	9	5	4	8	6
9	2	4	1	8	6	3	7	5
8	5	6	9	3	1	7	2	4
4	9	1	5	7	2	6	3	8
7	3	2	8	6	4	5	9	1
6	8	9	4	1	7	2	5	3
3	1	5	6	2	9	8	4	7
2	4	7	3	5	8	1	6	9

126

5	9	6	4	3	2	7	1	8
8	2	1	6	5	7	3	9	4
7	4	3	9	8	1	5	2	6
6	7	4	5	1	9	8	3	2
1	8	2	3	6	4	9	7	5
3	5	9	7	2	8	6	4	1
4	1	5	8	7	3	2	6	9
2	6	7	1	9	5	4	8	3
9	3	8	2	4	6	1	5	7

127

6	5	1	3	4	9	2	8	7
3	9	8	2	7	5	4	1	6
2	4	7	1	6	8	3	5	9
8	3	6	4	9	2	1	7	5
7	2	5	8	3	1	9	6	4
4	1	9	6	5	7	8	2	3
5	7	2	9	8	3	6	4	1
1	6	3	7	2	4	5	9	8
9	8	4	5	1	6	7	3	2

128

7	2	8	1	5	6	3	9	4
1	9	5	4	3	8	2	6	7
4	3	6	2	9	7	8	5	1
5	7	3	6	4	2	9	1	8
8	4	2	5	1	9	6	7	3
9	6	1	7	8	3	5	4	2
2	5	9	3	7	1	4	8	6
3	1	4	8	6	5	7	2	9
6	8	7	9	2	4	1	3	5

129

8	3	1	2	5	6	9	7	4
9	6	7	4	8	1	3	5	2
4	5	2	9	7	3	6	8	1
7	1	3	8	4	5	2	6	9
5	2	4	6	3	9	7	1	8
6	8	9	1	2	7	4	3	5
2	7	6	5	9	8	1	4	3
1	4	5	3	6	2	8	9	7
3	9	8	7	1	4	5	2	6

130

3	2	9	5	7	1	4	8	6
4	8	5	6	3	9	7	2	1
1	7	6	4	2	8	9	3	5
9	4	7	2	6	5	8	1	3
2	5	1	3	8	4	6	9	7
8	6	3	1	9	7	5	4	2
5	3	4	9	1	6	2	7	8
7	9	2	8	5	3	1	6	4
6	1	8	7	4	2	3	5	9

131

5	8	6	7	1	4	3	9	2
7	4	3	2	9	8	6	5	1
9	1	2	5	3	6	8	7	4
8	5	4	1	2	7	9	3	6
2	3	1	9	6	5	4	8	7
6	7	9	8	4	3	1	2	5
4	2	8	6	5	9	7	1	3
3	9	5	4	7	1	2	6	8
1	6	7	3	8	2	5	4	9

132

7	1	8	5	2	4	6	9	3
9	2	5	1	3	6	8	4	7
4	3	6	7	9	8	1	5	2
6	9	7	3	5	2	4	1	8
2	5	4	8	1	9	7	3	6
3	8	1	4	6	7	9	2	5
5	4	2	6	8	1	3	7	9
1	6	9	2	7	3	5	8	4
8	7	3	9	4	5	2	6	1

133

6	9	7	3	1	2	4	5	8
2	8	3	5	9	4	7	1	6
1	5	4	6	8	7	9	2	3
7	2	1	8	5	3	6	9	4
8	6	9	4	7	1	2	3	5
3	4	5	9	2	6	8	7	1
5	1	8	2	6	9	3	4	7
4	7	2	1	3	8	5	6	9
9	3	6	7	4	5	1	8	2

134

9	4	6	5	1	7	8	2	3
8	3	5	6	2	4	1	9	7
2	1	7	3	8	9	5	6	4
7	2	4	8	6	1	3	5	9
6	5	8	9	7	3	2	4	1
1	9	3	4	5	2	6	7	8
3	6	9	1	4	5	7	8	2
4	8	2	7	3	6	9	1	5
5	7	1	2	9	8	4	3	6

135

8	3	7	1	2	6	5	9	4
5	6	4	9	7	8	2	1	3
9	1	2	5	3	4	6	8	7
7	2	6	3	4	9	8	5	1
1	9	8	2	5	7	4	3	6
4	5	3	6	8	1	9	7	2
6	8	9	7	1	2	3	4	5
2	7	5	4	9	3	1	6	8
3	4	1	8	6	5	7	2	9

136

2	4	5	8	6	9	7	3	1
9	1	3	5	7	4	6	2	8
6	8	7	2	3	1	9	4	5
5	7	6	1	8	3	2	9	4
4	2	1	9	5	7	3	8	6
3	9	8	4	2	6	5	1	7
8	5	9	7	4	2	1	6	3
1	6	4	3	9	5	8	7	2
7	3	2	6	1	8	4	5	9

137

8	2	3	5	4	9	1	7	6
7	5	6	3	1	8	9	2	4
9	4	1	2	7	6	5	3	8
2	7	8	9	6	3	4	1	5
6	1	5	7	2	4	8	9	3
3	9	4	1	8	5	2	6	7
4	3	9	6	5	1	7	8	2
5	6	7	8	9	2	3	4	1
1	8	2	4	3	7	6	5	9

138

8	5	6	9	2	3	4	7	1
9	2	1	8	7	4	5	6	3
7	4	3	5	6	1	9	2	8
4	1	9	3	8	7	6	5	2
2	6	8	1	5	9	3	4	7
3	7	5	2	4	6	8	1	9
1	8	2	6	9	5	7	3	4
5	9	7	4	3	2	1	8	6
6	3	4	7	1	8	2	9	5

139

9	2	4	1	3	5	7	8	6
6	1	8	4	2	7	9	3	5
3	7	5	9	6	8	2	4	1
2	5	3	7	4	6	8	1	9
7	4	9	8	5	1	3	6	2
1	8	6	3	9	2	4	5	7
4	3	1	5	7	9	6	2	8
8	6	7	2	1	4	5	9	3
5	9	2	6	8	3	1	7	4

140

6	4	8	2	5	7	3	1	9
1	2	9	4	6	3	5	7	8
5	3	7	1	9	8	2	6	4
3	7	6	5	4	9	1	8	2
9	8	2	3	1	6	4	5	7
4	5	1	8	7	2	6	9	3
8	1	5	7	3	4	9	2	6
7	9	3	6	2	5	8	4	1
2	6	4	9	8	1	7	3	5

141

6	7	1	5	4	8	3	2	9
4	3	2	1	9	7	8	5	6
8	5	9	3	6	2	7	1	4
7	1	3	4	2	9	5	6	8
2	8	4	6	7	5	1	9	3
9	6	5	8	1	3	4	7	2
1	4	8	9	5	6	2	3	7
5	9	7	2	3	4	6	8	1
3	2	6	7	8	1	9	4	5

142

2	4	1	7	3	8	5	9	6
7	5	6	2	9	1	3	8	4
9	8	3	4	6	5	7	2	1
4	6	5	9	7	2	1	3	8
1	9	7	8	4	3	6	5	2
8	3	2	5	1	6	9	4	7
3	2	8	1	5	7	4	6	9
6	7	4	3	8	9	2	1	5
5	1	9	6	2	4	8	7	3

143

9	7	5	1	2	3	6	4	8
3	1	4	8	6	7	2	9	5
6	8	2	4	9	5	7	3	1
4	5	1	3	7	8	9	2	6
2	9	8	5	4	6	3	1	7
7	3	6	2	1	9	5	8	4
8	6	9	7	3	1	4	5	2
1	2	3	6	5	4	8	7	9
5	4	7	9	8	2	1	6	3

144

2	8	3	9	5	7	1	4	6
5	7	9	1	6	4	8	3	2
1	4	6	8	2	3	5	9	7
4	3	1	7	9	6	2	8	5
7	9	5	2	4	8	6	1	3
6	2	8	3	1	5	4	7	9
8	1	2	6	3	9	7	5	4
9	6	4	5	7	1	3	2	8
3	5	7	4	8	2	9	6	1

145

7	4	3	2	6	1	5	8	9
8	1	5	4	9	7	2	3	6
6	2	9	5	3	8	7	1	4
9	7	6	3	2	4	8	5	1
4	5	2	8	1	6	3	9	7
1	3	8	7	5	9	4	6	2
5	6	7	9	4	3	1	2	8
2	8	1	6	7	5	9	4	3
3	9	4	1	8	2	6	7	5

146

9	6	1	5	4	7	3	8	2
4	5	8	2	6	3	1	9	7
7	2	3	9	1	8	5	4	6
8	4	9	7	2	5	6	1	3
5	1	7	8	3	6	9	2	4
6	3	2	1	9	4	7	5	8
1	8	4	3	7	9	2	6	5
3	9	6	4	5	2	8	7	1
2	7	5	6	8	1	4	3	9

147

6	5	4	3	1	2	8	7	9
1	9	8	7	6	4	5	2	3
2	3	7	9	8	5	6	4	1
7	1	9	5	4	3	2	6	8
8	6	5	1	2	9	4	3	7
3	4	2	6	7	8	1	9	5
5	7	1	2	9	6	3	8	4
9	8	6	4	3	1	7	5	2
4	2	3	8	5	7	9	1	6

148

7	6	9	8	2	5	1	3	4
5	3	1	9	4	6	2	8	7
4	8	2	1	3	7	6	9	5
1	5	8	7	6	4	9	2	3
2	7	4	3	8	9	5	1	6
3	9	6	2	5	1	4	7	8
9	4	7	5	1	8	3	6	2
8	2	5	6	9	3	7	4	1
6	1	3	4	7	2	8	5	9

149

7	2	5	4	9	1	3	6	8
1	3	6	8	7	2	5	9	4
8	4	9	5	6	3	2	1	7
4	5	7	2	8	6	1	3	9
3	1	2	9	4	7	8	5	6
6	9	8	1	3	5	7	4	2
9	7	4	3	5	8	6	2	1
5	6	1	7	2	9	4	8	3
2	8	3	6	1	4	9	7	5

150

4	1	6	5	2	7	8	9	3
7	8	2	6	9	3	1	5	4
9	5	3	8	4	1	2	7	6
6	3	9	1	7	4	5	8	2
5	7	8	2	6	9	4	3	1
1	2	4	3	5	8	7	6	9
3	9	5	4	8	2	6	1	7
2	6	1	7	3	5	9	4	8
8	4	7	9	1	6	3	2	5

151

9	5	4	6	2	1	7	8	3
6	8	3	5	7	4	2	9	1
2	1	7	3	8	9	5	4	6
3	2	6	1	9	7	8	5	4
5	4	1	2	3	8	9	6	7
7	9	8	4	6	5	3	1	2
8	6	9	7	1	3	4	2	5
1	7	5	8	4	2	6	3	9
4	3	2	9	5	6	1	7	8

152

2	5	1	8	3	4	9	7	6
3	4	7	9	6	2	5	1	8
8	6	9	1	7	5	4	3	2
6	8	3	7	1	9	2	4	5
9	1	2	4	5	6	7	8	3
5	7	4	3	2	8	6	9	1
4	2	8	6	9	3	1	5	7
7	9	5	2	8	1	3	6	4
1	3	6	5	4	7	8	2	9

153

4	7	3	5	8	1	9	2	6
8	6	5	2	9	4	7	1	3
9	2	1	6	3	7	8	5	4
5	1	2	8	6	3	4	7	9
3	4	9	7	1	2	6	8	5
7	8	6	9	4	5	2	3	1
1	3	8	4	2	6	5	9	7
6	9	7	3	5	8	1	4	2
2	5	4	1	7	9	3	6	8

154

4	7	5	3	8	9	2	1	6
2	1	6	4	7	5	9	8	3
3	8	9	6	1	2	7	4	5
9	6	4	2	5	1	3	7	8
8	5	2	7	6	3	1	9	4
1	3	7	9	4	8	6	5	2
5	2	8	1	3	7	4	6	9
7	4	3	8	9	6	5	2	1
6	9	1	5	2	4	8	3	7

155

7	5	6	3	2	4	8	1	9
1	9	2	6	8	5	4	7	3
4	3	8	7	1	9	6	2	5
5	4	9	2	7	6	3	8	1
8	1	7	9	4	3	5	6	2
6	2	3	1	5	8	9	4	7
3	8	1	5	6	7	2	9	4
9	7	4	8	3	2	1	5	6
2	6	5	4	9	1	7	3	8

156

9	5	1	8	7	3	6	2	4
8	2	3	6	4	5	1	7	9
4	6	7	2	9	1	3	5	8
2	1	8	3	5	6	4	9	7
6	4	9	7	1	2	8	3	5
7	3	5	4	8	9	2	6	1
1	9	2	5	6	8	7	4	3
3	8	4	9	2	7	5	1	6
5	7	6	1	3	4	9	8	2

157

5	2	4	6	7	9	1	3	8
9	6	3	1	5	8	7	4	2
7	1	8	4	3	2	6	5	9
4	3	9	5	1	7	8	2	6
1	8	2	9	6	4	3	7	5
6	5	7	2	8	3	4	9	1
2	9	6	3	4	1	5	8	7
3	7	5	8	2	6	9	1	4
8	4	1	7	9	5	2	6	3

158

9	1	8	3	4	6	7	2	5
3	6	5	7	2	1	8	4	9
2	4	7	8	9	5	3	1	6
5	7	1	9	6	8	4	3	2
8	2	3	4	5	7	6	9	1
4	9	6	1	3	2	5	7	8
1	5	4	2	8	3	9	6	7
7	8	9	6	1	4	2	5	3
6	3	2	5	7	9	1	8	4

159

5	4	1	6	3	2	9	7	8
7	6	2	5	9	8	1	3	4
8	9	3	7	1	4	6	5	2
9	1	6	4	8	3	5	2	7
4	2	7	1	5	6	3	8	9
3	5	8	9	2	7	4	6	1
2	8	9	3	4	5	7	1	6
6	3	4	8	7	1	2	9	5
1	7	5	2	6	9	8	4	3

160

7	6	3	8	4	9	2	1	5
4	9	1	2	5	7	6	3	8
8	5	2	6	3	1	4	7	9
2	3	7	4	6	8	5	9	1
5	1	6	9	7	2	3	8	4
9	8	4	5	1	3	7	2	6
3	7	5	1	8	4	9	6	2
1	4	9	3	2	6	8	5	7
6	2	8	7	9	5	1	4	3

161

5	4	9	6	2	8	3	1	7
1	8	3	9	7	4	2	5	6
2	6	7	5	1	3	4	9	8
3	2	1	7	8	6	9	4	5
4	7	8	2	5	9	6	3	1
6	9	5	4	3	1	8	7	2
7	5	6	3	9	2	1	8	4
9	1	4	8	6	5	7	2	3
8	3	2	1	4	7	5	6	9

162

6	2	3	9	4	1	7	8	5
4	8	7	5	6	3	2	1	9
9	1	5	2	8	7	6	3	4
8	7	6	3	5	9	4	2	1
3	9	4	1	2	6	8	5	7
2	5	1	8	7	4	3	9	6
1	4	9	6	3	8	5	7	2
5	6	8	7	9	2	1	4	3
7	3	2	4	1	5	9	6	8

163

5	9	3	8	7	1	6	4	2
7	4	1	2	5	6	3	9	8
8	6	2	9	4	3	1	7	5
9	7	6	3	1	2	5	8	4
2	3	8	4	9	5	7	6	1
1	5	4	6	8	7	2	3	9
4	2	7	1	3	8	9	5	6
6	8	5	7	2	9	4	1	3
3	1	9	5	6	4	8	2	7

164

3	2	1	4	8	6	5	7	9
7	4	8	1	9	5	3	2	6
6	9	5	3	2	7	4	8	1
9	8	6	7	5	1	2	4	3
2	5	3	6	4	8	1	9	7
4	1	7	2	3	9	8	6	5
5	3	9	8	7	2	6	1	4
8	6	4	9	1	3	7	5	2
1	7	2	5	6	4	9	3	8

165

3	5	7	8	2	1	6	4	9
9	4	2	7	6	5	1	8	3
8	6	1	4	3	9	5	2	7
1	7	4	9	5	6	2	3	8
6	2	9	3	7	8	4	5	1
5	3	8	2	1	4	7	9	6
2	8	3	6	4	7	9	1	5
4	1	6	5	9	3	8	7	2
7	9	5	1	8	2	3	6	4

166

8	6	3	5	9	4	7	1	2
5	7	1	2	8	6	3	4	9
4	2	9	7	1	3	8	5	6
1	3	7	6	5	9	4	2	8
9	5	4	3	2	8	1	6	7
2	8	6	4	7	1	5	9	3
7	4	2	9	3	5	6	8	1
6	9	8	1	4	7	2	3	5
3	1	5	8	6	2	9	7	4

167

8	2	3	4	1	7	9	5	6
7	6	9	5	3	2	8	4	1
1	5	4	6	8	9	7	3	2
4	1	7	8	9	6	5	2	3
3	9	5	2	7	4	1	6	8
6	8	2	1	5	3	4	7	9
9	3	1	7	6	5	2	8	4
2	7	6	9	4	8	3	1	5
5	4	8	3	2	1	6	9	7

168

8	7	3	6	1	4	9	2	5
2	6	9	5	7	3	4	1	8
1	5	4	8	2	9	3	6	7
9	2	1	7	3	6	8	5	4
7	4	5	2	9	8	1	3	6
3	8	6	1	4	5	2	7	9
4	9	7	3	5	2	6	8	1
6	1	2	9	8	7	5	4	3
5	3	8	4	6	1	7	9	2

169

8	6	7	3	5	4	2	1	9
1	4	3	7	9	2	6	5	8
5	9	2	1	8	6	4	3	7
7	2	5	6	1	8	3	9	4
9	8	4	2	3	5	1	7	6
3	1	6	4	7	9	5	8	2
6	5	8	9	4	1	7	2	3
4	7	9	5	2	3	8	6	1
2	3	1	8	6	7	9	4	5

170

8	5	1	2	9	7	4	3	6
2	9	6	8	4	3	7	1	5
7	4	3	1	6	5	9	8	2
9	2	5	4	3	8	1	6	7
1	6	8	5	7	2	3	9	4
3	7	4	6	1	9	2	5	8
5	3	9	7	2	6	8	4	1
4	8	7	9	5	1	6	2	3
6	1	2	3	8	4	5	7	9

171

7	5	9	6	1	3	8	2	4
6	4	8	7	5	2	9	1	3
2	1	3	9	8	4	6	7	5
9	2	5	8	4	1	3	6	7
8	3	7	5	9	6	2	4	1
1	6	4	3	2	7	5	8	9
4	9	2	1	6	5	7	3	8
3	8	1	2	7	9	4	5	6
5	7	6	4	3	8	1	9	2

172

2	8	7	4	5	3	1	9	6
9	6	4	2	1	8	5	7	3
1	3	5	6	7	9	8	2	4
3	5	8	9	6	7	2	4	1
4	7	2	3	8	1	6	5	9
6	1	9	5	4	2	7	3	8
7	9	3	8	2	6	4	1	5
8	4	1	7	9	5	3	6	2
5	2	6	1	3	4	9	8	7

173

4	6	3	2	7	5	8	9	1
5	9	8	1	3	4	2	7	6
2	1	7	9	8	6	3	5	4
1	7	4	5	6	8	9	3	2
6	3	5	4	2	9	7	1	8
8	2	9	7	1	3	6	4	5
9	4	6	8	5	7	1	2	3
3	5	1	6	9	2	4	8	7
7	8	2	3	4	1	5	6	9

174

3	8	1	6	9	2	5	4	7
6	4	9	5	1	7	2	8	3
7	5	2	4	3	8	6	1	9
9	6	5	2	4	1	7	3	8
1	2	8	3	7	5	4	9	6
4	3	7	9	8	6	1	2	5
8	7	4	1	6	3	9	5	2
5	1	3	7	2	9	8	6	4
2	9	6	8	5	4	3	7	1

175

3	5	4	2	8	6	1	9	7
6	1	9	7	4	3	5	2	8
7	2	8	1	5	9	4	6	3
2	8	1	6	9	5	7	3	4
9	6	5	4	3	7	8	1	2
4	7	3	8	1	2	6	5	9
5	9	7	3	6	4	2	8	1
8	4	6	9	2	1	3	7	5
1	3	2	5	7	8	9	4	6

176

7	4	6	5	8	2	1	3	9
9	3	5	4	6	1	7	2	8
2	1	8	9	7	3	4	5	6
3	7	9	8	1	6	2	4	5
5	8	2	7	3	4	6	9	1
1	6	4	2	5	9	3	8	7
6	5	7	3	4	8	9	1	2
8	9	3	1	2	7	5	6	4
4	2	1	6	9	5	8	7	3

177

3	6	4	5	8	9	2	1	7
5	9	7	2	3	1	8	4	6
8	1	2	4	7	6	3	5	9
6	2	1	3	4	5	9	7	8
7	5	3	9	2	8	4	6	1
4	8	9	6	1	7	5	3	2
9	4	6	1	5	2	7	8	3
2	7	5	8	6	3	1	9	4
1	3	8	7	9	4	6	2	5

178

9	8	5	1	7	6	4	2	3
6	1	7	4	2	3	5	9	8
2	3	4	8	9	5	1	7	6
1	7	6	3	4	8	2	5	9
3	5	8	9	1	2	7	6	4
4	2	9	5	6	7	8	3	1
5	6	3	7	8	1	9	4	2
8	9	2	6	5	4	3	1	7
7	4	1	2	3	9	6	8	5

179

1	6	4	9	7	5	8	3	2
5	3	9	8	2	1	7	6	4
2	7	8	3	6	4	5	9	1
3	8	5	1	9	6	2	4	7
7	4	1	2	5	3	6	8	9
6	9	2	4	8	7	3	1	5
8	1	3	7	4	2	9	5	6
4	5	7	6	3	9	1	2	8
9	2	6	5	1	8	4	7	3

180

7	1	3	2	6	4	9	5	8
8	2	6	5	3	9	7	4	1
9	5	4	1	7	8	2	6	3
6	9	7	3	5	1	4	8	2
3	4	2	8	9	6	1	7	5
1	8	5	7	4	2	3	9	6
4	7	8	6	1	3	5	2	9
5	6	1	9	2	7	8	3	4
2	3	9	4	8	5	6	1	7

181

2	9	7	1	8	6	3	5	4
5	6	3	2	4	9	7	8	1
4	1	8	7	3	5	2	9	6
3	8	1	9	6	4	5	7	2
7	5	6	3	1	2	8	4	9
9	4	2	5	7	8	6	1	3
6	2	9	4	5	7	1	3	8
1	7	4	8	2	3	9	6	5
8	3	5	6	9	1	4	2	7

182

2	6	4	8	7	3	5	9	1
9	7	1	2	5	4	3	6	8
5	3	8	1	9	6	2	4	7
1	5	6	4	8	9	7	3	2
4	9	3	5	2	7	1	8	6
7	8	2	3	6	1	4	5	9
3	4	7	9	1	8	6	2	5
8	1	5	6	4	2	9	7	3
6	2	9	7	3	5	8	1	4

183

1	5	2	7	9	3	4	6	8
9	6	3	2	8	4	5	1	7
7	4	8	6	5	1	3	9	2
5	3	4	9	1	7	8	2	6
6	2	1	3	4	8	7	5	9
8	9	7	5	2	6	1	4	3
2	1	9	8	7	5	6	3	4
4	7	6	1	3	9	2	8	5
3	8	5	4	6	2	9	7	1

184

6	5	2	3	4	7	1	8	9
8	1	4	5	9	6	2	7	3
7	3	9	2	1	8	6	4	5
1	4	8	7	5	2	9	3	6
9	7	3	1	6	4	5	2	8
5	2	6	9	8	3	4	1	7
4	8	5	6	7	1	3	9	2
2	6	7	4	3	9	8	5	1
3	9	1	8	2	5	7	6	4

185

6	3	1	4	9	5	8	2	7
2	7	4	8	3	6	5	1	9
5	9	8	2	1	7	3	4	6
8	5	3	9	6	2	1	7	4
9	1	7	3	8	4	6	5	2
4	2	6	5	7	1	9	3	8
1	4	9	6	2	3	7	8	5
7	6	5	1	4	8	2	9	3
3	8	2	7	5	9	4	6	1

186

4	9	7	2	8	5	1	3	6
1	2	6	4	9	3	5	8	7
8	5	3	1	6	7	4	9	2
5	7	1	3	2	8	6	4	9
9	6	4	5	7	1	3	2	8
3	8	2	9	4	6	7	5	1
2	1	9	7	3	4	8	6	5
6	4	5	8	1	9	2	7	3
7	3	8	6	5	2	9	1	4

187

8	3	6	9	7	4	1	5	2
9	4	5	3	2	1	8	6	7
2	7	1	8	5	6	4	9	3
5	1	7	4	6	8	3	2	9
6	9	8	2	3	5	7	1	4
3	2	4	1	9	7	6	8	5
4	6	2	5	8	3	9	7	1
1	8	9	7	4	2	5	3	6
7	5	3	6	1	9	2	4	8

188

2	3	7	9	4	1	6	5	8
1	8	4	2	5	6	9	7	3
5	9	6	7	8	3	1	2	4
3	5	9	4	1	2	7	8	6
4	6	8	5	9	7	2	3	1
7	1	2	3	6	8	5	4	9
8	7	5	6	3	9	4	1	2
9	2	1	8	7	4	3	6	5
6	4	3	1	2	5	8	9	7

189

8	3	5	4	1	7	9	2	6
2	1	7	5	6	9	8	4	3
9	6	4	8	2	3	7	1	5
4	5	2	7	9	1	6	3	8
6	7	1	3	8	4	5	9	2
3	9	8	2	5	6	1	7	4
5	8	3	1	7	2	4	6	9
1	4	6	9	3	8	2	5	7
7	2	9	6	4	5	3	8	1

190

5	7	3	6	2	4	9	8	1
6	8	1	7	9	3	5	4	2
2	4	9	5	1	8	7	6	3
9	6	8	4	3	7	1	2	5
1	5	4	2	8	9	3	7	6
3	2	7	1	6	5	8	9	4
7	1	2	9	5	6	4	3	8
8	9	6	3	4	1	2	5	7
4	3	5	8	7	2	6	1	9

191

5	3	4	7	1	2	8	9	6
2	8	6	9	5	4	3	7	1
9	1	7	8	6	3	2	5	4
3	7	2	6	4	8	9	1	5
6	9	5	2	3	1	4	8	7
8	4	1	5	7	9	6	2	3
7	5	9	4	8	6	1	3	2
4	2	3	1	9	5	7	6	8
1	6	8	3	2	7	5	4	9

192

3	6	8	9	7	2	5	1	4
9	1	5	6	8	4	7	2	3
4	2	7	1	3	5	8	9	6
1	5	3	8	4	7	9	6	2
2	7	9	5	6	1	3	4	8
6	8	4	3	2	9	1	5	7
5	4	2	7	9	8	6	3	1
7	3	1	4	5	6	2	8	9
8	9	6	2	1	3	4	7	5

193

8	3	1	6	4	2	9	5	7
9	4	7	1	3	5	2	6	8
6	5	2	8	9	7	3	4	1
2	6	5	4	7	8	1	9	3
3	9	4	2	1	6	7	8	5
7	1	8	3	5	9	6	2	4
1	8	9	5	2	3	4	7	6
4	7	6	9	8	1	5	3	2
5	2	3	7	6	4	8	1	9

194

8	7	1	9	4	3	2	5	6
9	3	2	6	8	5	1	7	4
4	6	5	1	2	7	9	3	8
3	1	6	8	7	2	5	4	9
7	5	4	3	9	6	8	1	2
2	9	8	5	1	4	7	6	3
5	4	9	7	6	8	3	2	1
1	2	7	4	3	9	6	8	5
6	8	3	2	5	1	4	9	7

195

5	7	3	4	1	6	8	9	2
1	8	9	5	2	7	6	3	4
4	6	2	9	3	8	5	7	1
6	2	8	3	7	1	4	5	9
7	3	4	6	9	5	2	1	8
9	5	1	2	8	4	7	6	3
3	9	6	7	4	2	1	8	5
8	4	7	1	5	3	9	2	6
2	1	5	8	6	9	3	4	7

196

5	3	2	8	4	9	7	1	6
6	9	1	7	2	5	4	3	8
7	4	8	3	1	6	2	5	9
4	8	6	2	9	1	5	7	3
3	2	7	5	6	8	1	9	4
9	1	5	4	7	3	8	6	2
2	5	9	6	8	7	3	4	1
1	7	4	9	3	2	6	8	5
8	6	3	1	5	4	9	2	7

197

7	3	8	4	5	1	6	9	2
2	5	6	8	9	3	1	7	4
1	4	9	7	6	2	8	3	5
3	2	5	6	8	7	9	4	1
6	1	7	3	4	9	2	5	8
9	8	4	2	1	5	3	6	7
4	7	3	9	2	8	5	1	6
8	9	1	5	7	6	4	2	3
5	6	2	1	3	4	7	8	9

198

9	1	2	7	4	6	5	3	8
6	7	8	1	3	5	4	2	9
3	4	5	2	9	8	1	7	6
1	9	3	8	2	4	6	5	7
5	8	6	3	7	1	2	9	4
4	2	7	6	5	9	8	1	3
8	3	1	5	6	7	9	4	2
7	5	9	4	8	2	3	6	1
2	6	4	9	1	3	7	8	5

199

8	9	6	1	3	2	5	4	7
7	5	1	4	9	6	8	2	3
2	3	4	7	5	8	6	1	9
1	8	5	9	6	7	4	3	2
4	6	7	3	2	1	9	8	5
9	2	3	5	8	4	7	6	1
6	7	8	2	1	9	3	5	4
3	1	9	6	4	5	2	7	8
5	4	2	8	7	3	1	9	6

200

9	6	5	2	7	1	4	8	3
8	7	4	3	6	9	2	5	1
3	2	1	5	8	4	9	6	7
5	4	9	1	2	3	8	7	6
6	8	3	9	5	7	1	2	4
2	1	7	8	4	6	5	3	9
4	9	8	7	3	5	6	1	2
7	5	6	4	1	2	3	9	8
1	3	2	6	9	8	7	4	5